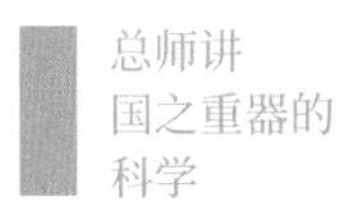

图说深海探测的科学

丁忠军
赵庆新 ——— 等编著

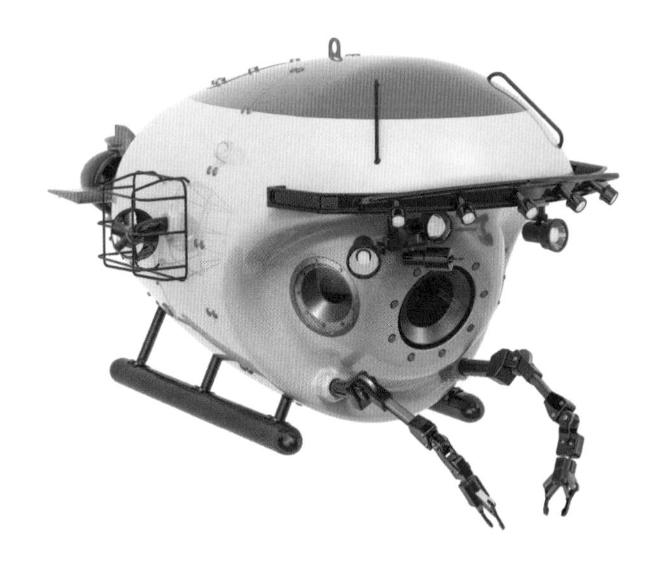

化学工业出版社
·北京·

内容简介

本书以普及深海前沿科学技术为目的，以深海探测为主线，详细介绍了深海科学考察船、载人潜水器、无人遥控潜水器、无人自主潜水器、水下滑翔机、海底观测网等当前重大深海装备研发制造涉及的科学原理和关键技术，以及水下仿生机器人、水下无线通信、海底原位探测传感器研发领域的前沿科学技术，并提供了国际上近半个世纪以来深海探测的实例和研究成果。

本书可为我国海洋科技工作者提供重要的参考，通过本书可以更好地了解深海探测技术研发的理论方法和前沿关键技术。同时，本书可作为高等院校深海科学和技术相关专业学生的参考教材，亦可供对深海探测科学技术感兴趣的人群阅读。

图书在版编目(CIP)数据

图说深海探测的科学/丁忠军等编著.—北京：化学工业出版社，2023.4

（总师讲国之重器的科学）

ISBN 978-7-122-42788-5

Ⅰ.①图… Ⅱ.①丁… Ⅲ.①深海-海洋调查-普及读物 Ⅳ.①P71-49

中国国家版本馆CIP数据核字（2023）第022597号

责任编辑：张海丽　　装帧设计：溢思视觉设计／张博轩

责任校对：赵懿桐

出版发行：化学工业出版社

（北京市东城区青年湖南街13号 邮政编码100011）

印　　装：天津图文方嘉印刷有限公司

710mm×1000mm　1/16　印张12½　字数174千字

2024年1月北京第1版第1次印刷

购书咨询：010-64518888　　售后服务：010-64518899

网　　址：http://www.cip.com.cn

凡购买本书，如有缺损质量问题，本社销售中心负责调换。

定　　价：79.80元

前言

深海是人类社会进步和发展的战略新疆域，也是除了南极、北极、珠峰以外的“第四极”。在千米乃至万米的巨厚水层下，既拥有人类未知的丰富资源，又是生命的摇篮，也是远离人类社会的一片净土，环境极端复杂，其探知和呵护高度依赖深海探测技术的发展。党的二十大报告中指出，必须坚持科技是第一生产力、人才是第一资源、创新是第一动力，为国家深海战略的实施进一步指明了方向。要实现深海进入、深海探测和深海开发，必须大力发展深海高新技术。在信息技术、人工智能技术以及微纳新材料技术快速发展的今天，实施创新驱动发展的战略，一定能够探索出深海保护开发的新领域、新赛道，也必将塑造出深海活动发展的新动能、新优势。

海洋科学是一门实验科学，尤其是对深海的认知，高度依赖深海探测科学技术的发展。今天，利用深海探测装备，人类可以到达万米海底深渊进行实地观察研究，可以获得全球大洋乃至极地周边海域任一角落的水面水下的样品和数据，可以随时侦听几千公里以外深海大洋的脉动，可以近距离观察那些远离人类，或在幽暗海底，或在陡峭海山崖壁上，或在喷涌的热液周边舞动的精灵，可以大范围感知海水的冷热酸，还可以完成搜寻、打捞、救援等任务。但是，人类对深海大洋的认识还远远不够，为了更深刻地认识深海、开发和保护深海，我们仍然要大力发展深海探测技术，认真钻研深海探测技术背后的科学知识。

本书以普及深海探测科学知识为目的，系统地梳理了国际上近半个世纪以来的深海探测科技成果，从深海科学考察船、载人潜水器、无人遥控潜水器、无人自主潜水器、水下滑翔机、海底观测网等当前重大深海装备发展历程及其涉及的科学原理和关键技术到具体应用实例，图文并茂地进行了全方位的介绍。本书共9章内容：第1章介绍了深海特征及其资源环境意义；第2章概括介绍了水面、水下重大深海探测装备的类别和技术特征；第3章介绍了载人潜水器的发展历程、前沿科学技术，并对我国“蛟龙号”载人潜水器的应用成果进行了简要介绍；第4~6章分别介绍了无人遥控潜水器、无人自主潜水器和水下滑翔机的发展历程、工作原理和关键技术，并给出了探测应用的实例；第7章介绍了水下仿生机器人及其基础科学知识和关键技术；第8章介绍了深海探测的通用前沿技术；第9章介绍了世界各国的海底观测网及其科学应用方向。本书由丁忠军组织编写，第1章、第2章、第5章、第7章、第9章主要由丁忠军编写，第3章、第6章主要由赵庆新编写，第4章、第8章主要由李德威编写，研究生刘晨参与了部分章节的编写工作。全书由赵庆新统稿。

本书是作者在充分借鉴国内外深海探测领域专家学者研究成果的基础上编撰而成。在本书完成之际，特别感谢以Busby R.F.、Geyer R.A.为代表的老一辈深海探测科学家对世界深海探测科学研究做出的突出贡献和无私奉献，特别感谢一直致力于我国深海探测科技发展的专家学者们，向他们致以崇高的敬意！

深海探测科技十分活跃，新技术、新方法不断刷新，涉及学科众多、技术繁杂，作者的认识还十分浅显，书中疏漏之处在所难免，敬请读者不吝指正。

编著者

2022年12月

目录

第1章

走近深海

地球表面70.8%被海水覆盖，海洋的平均水深是3800m，其中深度超过2000m的深海区占海洋面积的84%，所以从太空观察我们居住的地球，实际上更像一颗蓝蓝的水球（图1.1）。巨厚的海水，使人类认识深海底部非常困难。例如，信息传输，在陆地上几乎无处不在的无线电通信技术，在水下只能传输几十米，要想穿透几公里厚的水层到达深海海底几乎是痴人说梦。除此之外，还有巨大的水压，每百米水深就增加约1个大气压（1.013×10^5Pa），1000m水深相当于在一个成年人指甲盖上施加100kgf的压力。不借助专门的工具，人类是无法进入深海的，以至于在人类早就踏上月球的今天，对深海的了解还远远不如太空。

我们为什么要认识深海？

人们常说海洋是人类的故乡，是风雨的摇篮。这是说海洋是生命的起源，人们有望从深海找到生命进化的证据。海洋影响着地球的气候变化，除了广袤的深海大洋表面进行复杂的海气交换作用外，深海海底由于存在热液活动而造成的对气候的影响也是科学家关心的问题。除此之外，深海还拥有人类可持续发展所需的宝藏，如深海极端环境下的生物可以给人类提供宝贵的基因资源，深海油气及金属矿产资源直接影响着人类文明的发展。总之，深海蕴藏着无穷的未知，正等待人类不断地去探索。随着科学技术的飞速发展，人类探索深海的步伐在逐渐加快，深海神秘的面纱正在慢慢揭开。

图1.1　地球海水分布

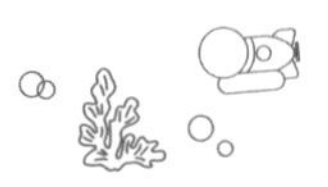

1.1 神奇的生命

今天，深海有没有生命、有没有生物已经得到答案。100多年前，人们一直有这个疑问：虽然“万物生长靠太阳”，光合作用是生命的源头，但是众所周知，阳光是无法穿透几百米甚至几千米厚的深海水层的，幽暗的深海海底怎么可能存在生命呢？科学考察发现，深海不仅有生物生存，而且在特殊的极端环境中还会发现特别繁茂的生物群落，如冷泉生物群落、热液生物群落。这些深海极端环境下的生物不是依赖光合作用，它们依靠冷泉或者热液喷发出的化学物质供能生长。即便是在海洋最深处——10000多米深的马里亚纳海沟，也观察到了大量的端足类生物和大型的狮子鱼。

什么是冷泉？冷泉生物群落有哪些特点？

在大陆坡、深海区的天然气水合物分布区域，一旦海底升温或减压，就会释放出大量的甲烷，可以在海水中形成甲烷柱，被科学家称为“冷泉”。冷泉是海底可燃冰的产物之一。

在冷泉附近往往发育着依赖这些流体生存的冷泉生物群，其又被称为“碳氢化合物生物群落”；这也是一种独特的黑暗生物群落，常见的有管状蠕虫、双壳类动物、腹足类动物和微生物菌等。寻找冷泉及其伴生的黑暗生物群落，是确认可燃冰存在的有力证据。

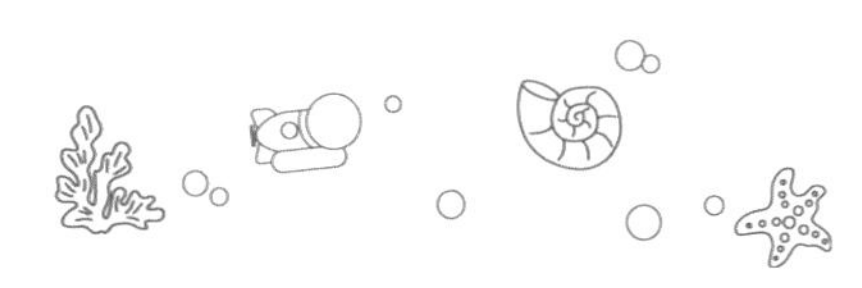

我国“蛟龙号”载人潜水器在2013年南海试验性应用航次中，发现了冷泉区，并开展了下潜考察，如图1.2所示。

图1.2 “蛟龙号”考察冷泉区

什么是热液系统？热液系统的发现及其科学意义

海底热泉（又称海底热液）系统的发现以1948年瑞典科学家利用“信天翁号”(Albatross)考察船在红海发现高温高盐溶液为标志。1963—1965年，国际印度洋考察期间，在红海的轴部及中央盆地中识别出层化的高温高盐溶液，发现了热液多金属软泥，从而揭开了海底热液活动研究的序幕。在随后的调研中，在大洋中脊多处发现了黑烟囱、块状硫化物及喷口生物，海底热液活动也成了科学家了解地球深部构造及地球生命起源的一个重要窗口。

海底热液活动在离散板块边界和汇聚板块边界均可出现，但都集中在拉张性构造带上，主要分布于洋中脊、弧后扩张中心等位置。其形成的机理是：海

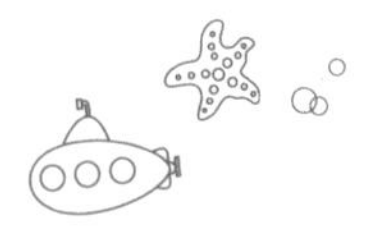

水沿裂谷张性断裂或裂隙渗入洋壳内部，受炽热的熔岩影响后与基底玄武岩发生反应，形成具有酸性、还原性且富含硫化物与成矿金属的热液，温度高达350~400℃。反应程度随温度和压力的增加而增加，直到岩石变得难以渗透，含矿热液就上升回到海底。当它们从喷口涌出时与冷海水相遇，导致黄铁矿、黄铜矿、纤锌矿、闪锌矿等硫化物及钙、镁硫酸盐的快速沉淀，最后不断堆积成一种烟囱状的地貌。烟囱高低粗细各不相同，高的可以达到一百多米，矮的也有几米到几十米。因温度和组分差异，形成白烟囱或黑烟囱：当热液温度为100~350℃时，形成主要由硫酸盐矿物(硬石膏、重晶石)、二氧化硅和白铁矿组成的白烟囱；当温度高于350℃时，形成由暗色硫化物，如磁黄铁矿、闪锌矿和黄铜矿等堆积而成的黑烟囱。

在过去的30多年间，对热液喷口区生物的新种发现速度一直维持在平均每个月描述2种的水平。目前，已描述的热液生物有近600种，涉及原生动物门和12个后生动物门。其中，超过85%的热液生物物种为地方特有种。部分物种如图1.3所示。

图1.3 热液区部分物种

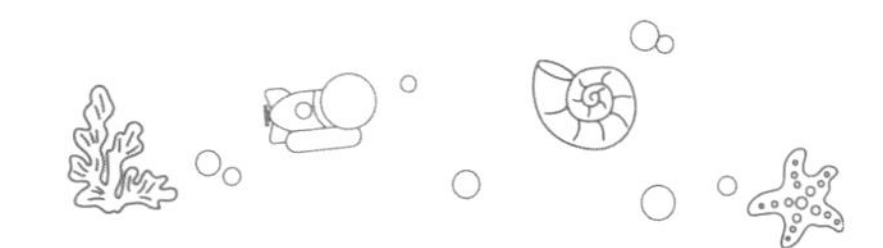

1.2 无尽的宝藏

深海矿产资源是指在深海中发现较早、已经进行工业开采或具备工业开采能力的矿产资源，如多金属结核（锰结核）、富钴结壳和多金属硫化物等，如图1.4所示。除此之外，还有稀土，深海储量大约是陆地储量的800倍。

图1.4 深海矿产资源

海底油气藏是最重要的传统海洋矿产资源，被人们称为“工业的血液”。目前已知的海底石油储量占全球总量的45%，海底天然气储量占全球总量的50%，海洋天然气总产量约占全球总产量的1/3，而且现在海底石油开发的水深和井深越来越大。

天然气水合物又叫可燃冰，是由碳氢化合物气体与水分子组成的白色结晶状固态物质，普遍存在于世界各大洋沉积层孔隙中。据称，地球海洋中天然气水合物的总量换算成甲烷气体为（1.8~2.1）$\times 10^{16}m^3$（1.8亿亿~2.1亿亿立方米），

大约相当于全球煤、石油和天然气等总储量的2倍，被认为是21世纪可开发的新型能源。

据测试，$1m^3$天然气水合物可以释放出$0.81m^3$的水和$164m^3$的天然气，如图1.5所示。此类天然气水合物的能效是煤的10倍，是常规天然气的2~5倍。

（a）天然气水合物

（b）天然气水合物释放成分过程

图1.5　天然气水合物及其释放成分过程

深海生物资源主要指深海生物基因资源，如图1.6所示。深海生物主要是分布于热液喷口区或冷泉区附近的生物，它们处于独特的物理、化学和生态环境中，在高压、剧变的温度梯度、极微弱的光照条件和高浓度的有毒物质包围下，形成了极为独特的生物结构、代谢机制，体内产生了特殊的生物活性物质。可以利用所获取的深海生物基因对普通功能物质基因进行改造，使普通功能物质也具有特殊的功能，如嗜碱、耐压、嗜热、嗜冷、抗毒的各种极端酶。

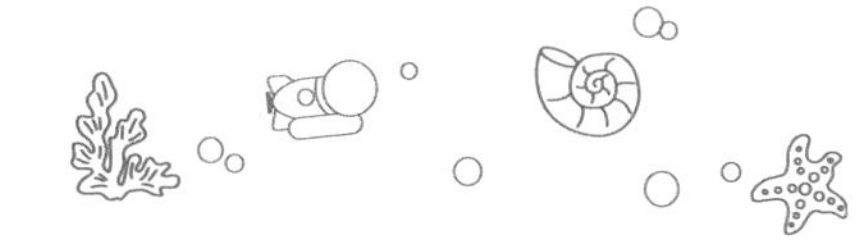

深海生物基因对于研究生物起源和进化、生物对环境的适应性，以及对于医药卫生、环保、生物技术、轻化工等方面的研究，都能够起到重要的推动作用。

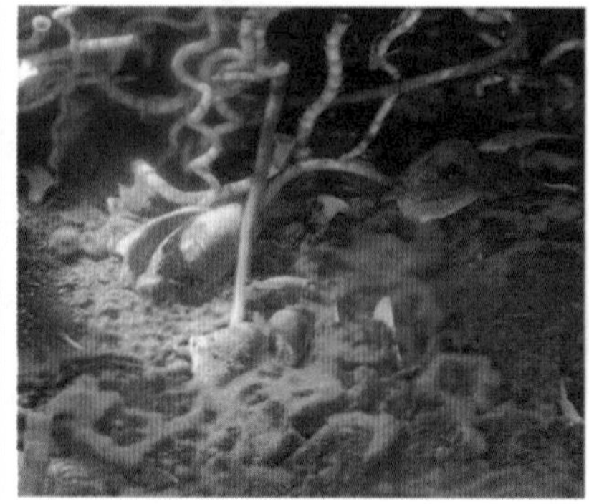

图1.6　深海生物资源

1.3　科学的殿堂

何谓地球第四极?

我们都知道地球上的南极和北极，是人类公认的两极，又称为极地，几乎常年被冰雪覆盖，存在着极昼和极夜现象，存在着许许多多未解之谜。我国的世界屋脊——青藏高原也是常年被冰雪覆盖，是大陆的最高点，人们称它为地球第三极。深海，尤其是六七千米深的深渊海沟区，是一片高压、高盐、黑暗、缺氧的极端区域，在这片神秘的区域存在着特殊的生命迹象、地质现象，是破解生命起源、板块运动之谜，侦听地球脉动的窗口，被称为地球第四极。

全球海斗深渊知多少?

科学家把深度大于6000m的深渊海沟称为超深渊，超深渊的称谓重点在于其深。其又被称为海斗深渊，是指这些极深海底区域在海沟里，海沟的断面就像一个漏斗。海斗深渊在海洋生物能量供给上存在“海斗效应”，同时海斗

也是“hadal”的音译。

全球大洋里拥有超深渊37条，其中深度大于6500m的深渊海沟就有26条。

超深渊生物是如何适应极端环境的？

众所周知，随着海水深度的增加，其压强也越来越大，深度每增加10m，就增加1个大气压，而普通人在3~4个大气压下就很难生存下去。那么超深渊生物（图1.7）是如何在超过650个大气压下生存的呢？研究发现，超深渊生物由于血液中有大量的尿素和氧化三甲胺（trimethylamine oxide，TMAO），使其渗透压略高于海水，以便满足肾的排泄需要且不会有失水的问题。

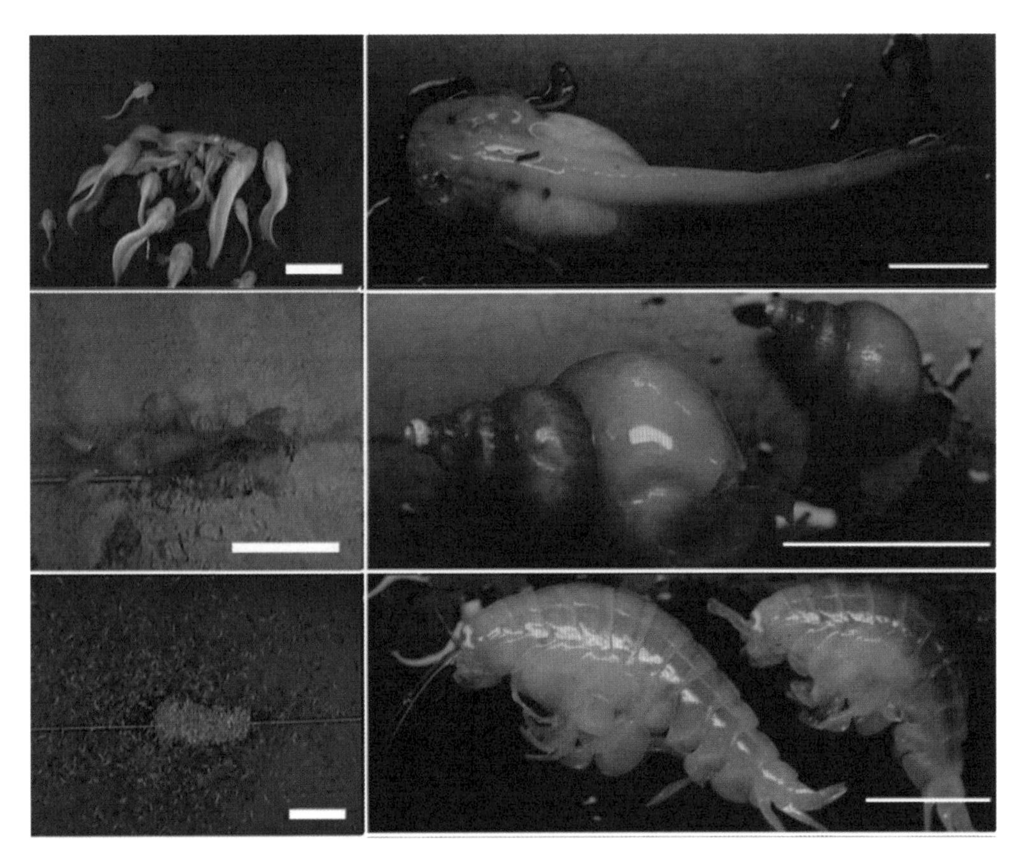

图1.7

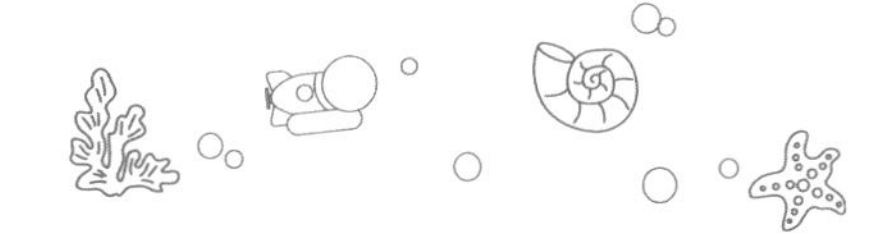

图1.7 超深渊生物

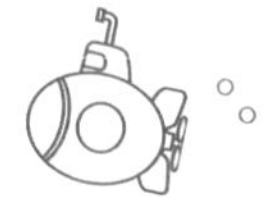

第2章

深海探测的神兵利器

2.1 深海科学考察船

2.1.1 第一艘深海科考船

现代海洋学被认为始于英国“挑战者号”的深海探险。因此，可以说“挑战者号”是世界上第一艘深海科考船。“挑战者号”是一艘2300t重的桅杆甲板护卫舰，如图2.1所示，在威维尔·汤姆森爵士的领导下横渡了大西洋，1873—1876年，考察了太平洋和印度洋，并以五十卷研究报告为我们提供了深海物理化学、水深、地质和生物等一系列重要信息。“挑战者号”开创的海洋研究的第一个时代可以称为“探险时代”(1873—1914年)。

图2.1 “挑战者号”科考船

2.1.2 深海探险时代的明星

在深海探险时代，德国最早建立了庞大的深海探险船队，其中包括

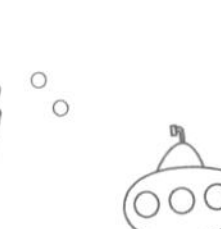

1874—1899年活跃在世界深海大洋上的“Gazelle号”“National号”和“Valdivia号”（图2.2）以及1901—1912年执行深海探险的任务“Gauss号”“Planet号”和“Deutschland号”，从此奠定了德国在深海科学研究领域的地位。

图2.2　“Valdivia号”科考船

美国早期的深海科考船有1885—1889年的“Blake号”和“信天翁号”，主要研究区域为北大西洋西部。1886—1889年，俄罗斯的“Vitiaz号”在S. O. Makaroff的带领下进行了一次环球航行，在北太平洋进行了海洋物理观测。1884—1922年，摩纳哥亲王阿尔伯特一世带领“Hirondelle”Ⅰ号和Ⅱ号、“爱丽丝公主”Ⅰ号和Ⅱ号，在北大西洋佛得角群岛和新英格兰海岸、纽芬兰岛和斯匹兹卑尔根群岛之间的海域进行了系统的生物学研究，获得了大量传世的不朽成果。

进入20世纪以后，深海科考活动由自由探险时代开始进入有组织的国家系统动态调查时代。1925—1927年，德国大西洋考察船“流星号”开启了深海研究的新时代，在大西洋北纬20°至南纬65°之间划分了14个纬度横断面，以标准间隔从水面探测到4000~6000m海底，收集了大量的分层海水、底层沉积物、化学物质和浮游生物样品以及水文气象资料。20世纪初，大量先进的科考船开始在世界各大洋活动，如图2.3所示。

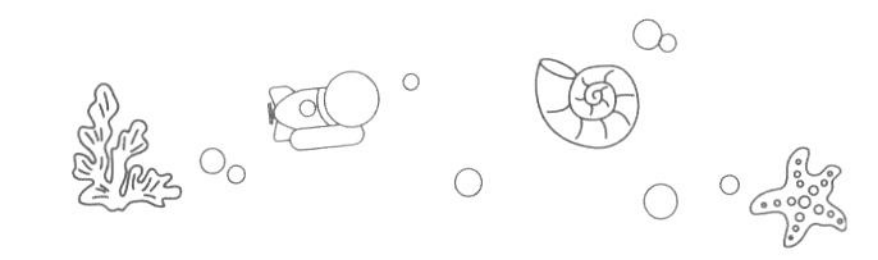

（a）“Meteor号”科考船

（b）“Vema号”科考船

（c）“Albatross号”科考

（d）“Galathea号”科考船

（e）“Horizon号”科考船

（f）“Anton号”科考船

（g）“Lomonosorv号”科考船

图2.3　早期世界各国的深海科考船

到20世纪中叶，特别是第二次世界大战以后，深海探测新技术不断涌现，深海科考船的作业能力得到了巨大的提升，人类第一次将深海探测的触角伸向了大洋最深处，多种技术手段在马里亚纳海沟大显神通，如图2.4所示。

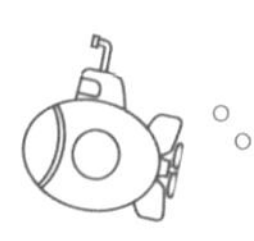

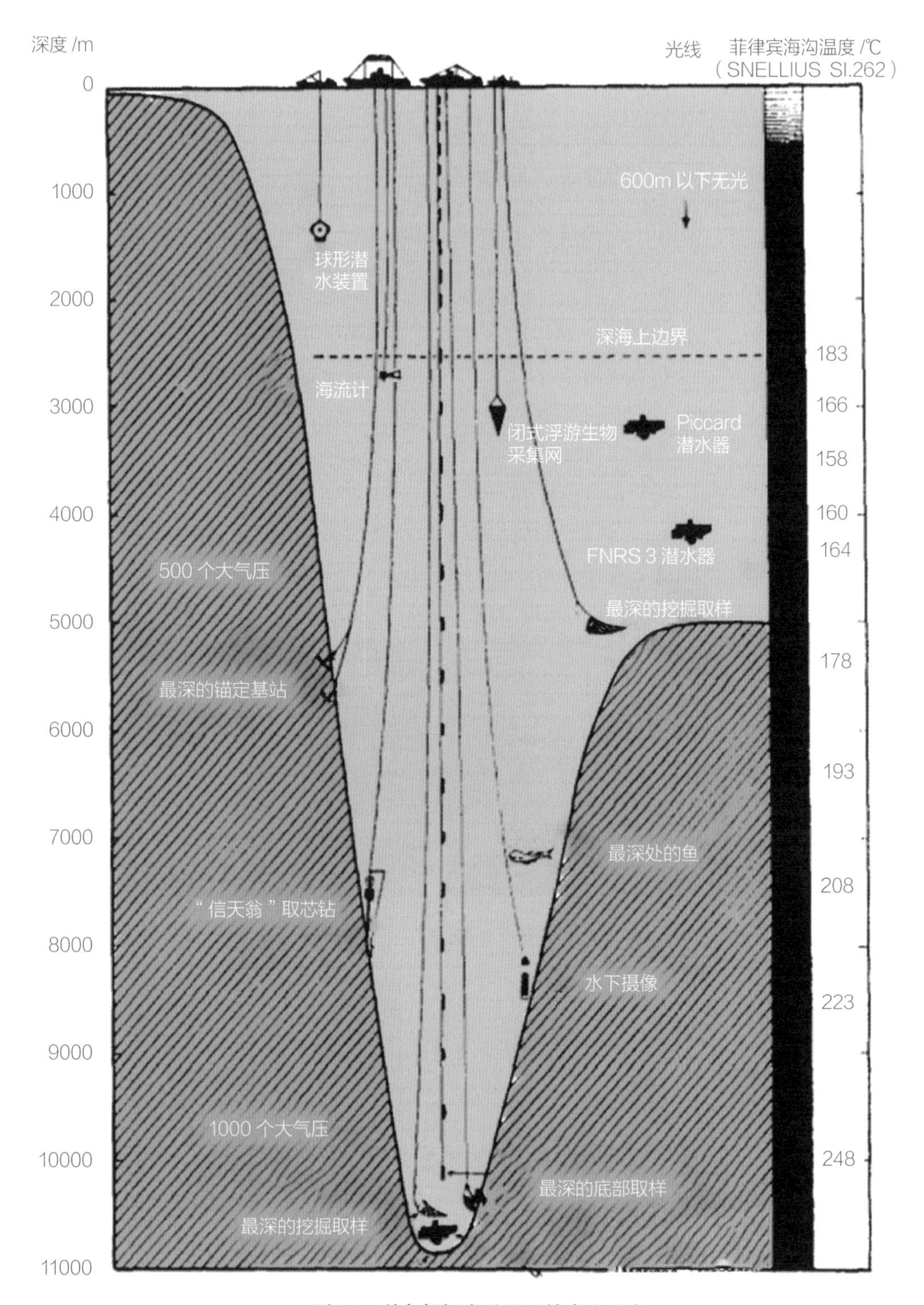

图2.4　科考船探索马里亚纳海沟示意

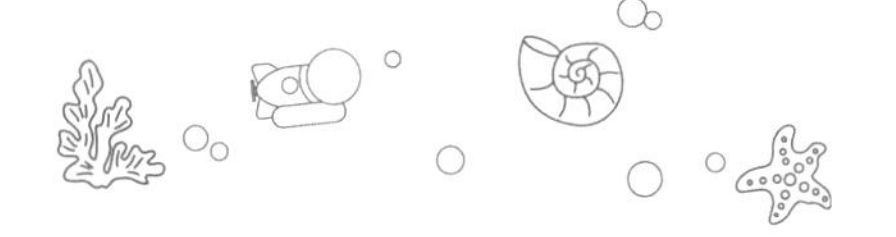

2.1.3 全副武装的现代深海科考船

20世纪90年代后期，美国新造了5艘新型海洋综合考察船，开国际第三代考察船之先河。这些船只活跃在全球各大洋，为实现其全球战略提供了科学基础支撑。法国、德国、英国等欧洲海洋强国，也先后拥有了可全球航行、设备精良的国家共用综合考察船。第三代考察船的代表，都具备强大的动力定位能力、卫星通信能力和携带深潜或自航设备的能力；配备的折臂吊、伸缩吊等吊装能力强，可完成深潜器、无人遥控潜水器（ROV）以及地质采样等大型设备的收放；配备齐全的绞车和钢/电缆系统，拥有用于深拖的万米钢缆、深潜调查/电视抓斗用万米同轴钢缆、多道地震探测用万米光纤、海水电导率（C）/温度（T）/深度（D）调查用（CTD）万米铠装电缆、万米水文钢缆等。国外的代表性海洋科学考察船如图2.5所示。

（a）美国“亚特兰蒂斯号”海洋科学综合考察船

（b）挪威“磷虾号”海洋科学考察船

（c）德国“玛丽亚号”海洋科学考察船

（d）英国“詹姆斯库克号”海洋科学考察船

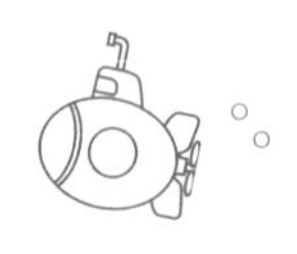
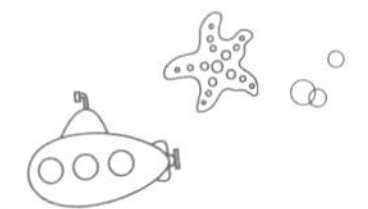

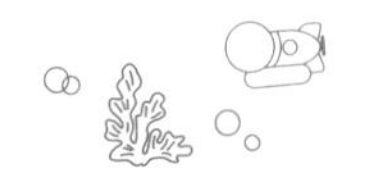

（e）印度海洋科学考察船

图2.5　国外的代表性海洋科学考察船

我国的深海综合科考船是20世纪七八十年代逐步发展起来的，具有代表性的是“雪龙号”“大洋一号”和“科学一号”。我国主要的海洋科学考察船如图2.6所示。

（a）“雪龙号”极地科学考察船

（b）“大洋一号”远洋科学考察船

（c）“东方红2号”海洋科学考察船

（d）“科学一号”海洋科学综合考察船

图2.6　我国主要的海洋科学考察船

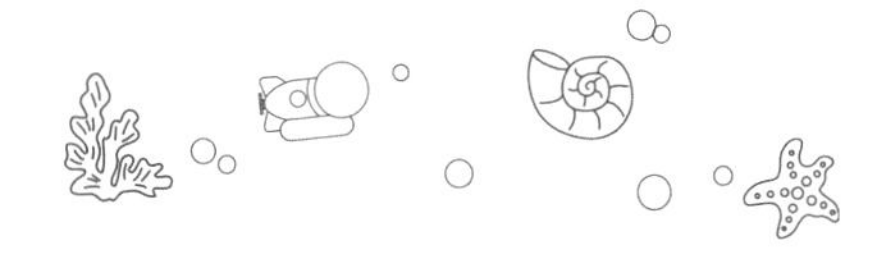

2.1.4 载人深潜母船

从本质上讲，载人深潜母船是具有载人潜水器支持能力的深海综合考察船，如美国的“亚特兰蒂斯号”，是目前功能最完备、装备最先进的深海水面科考平台。世界上各个载人深潜技术强国都拥有载人潜水器（HOV）支持母船。

（1）美国“亚特兰蒂斯号”

“阿尔文号”（Alvin）深海载人潜水器支持母船是“亚特兰蒂斯号”，船长83.2m，型宽16.0m，排水量3566t，自持力60天，续航力17280海里（1海里约为1.852km），经济速度12kn(kn，速度单位，1kn约为0.5144m/s)，最大航速15kn。船上实验室包括140m²的主实验室以及生物实验室、水文实验室、湿实验室、电力/计算机实验室和科考储备室，总面积大于357m²。可容纳船员23人，科考队员24名，技术员13名。“阿尔文号”HOV的机库设置于主甲板的后部，机库内设有潜水器系固装置、维修工具，以及潜水器液压系统、蓄电池系统、主压载系统、生命支持系统以及充油补油、充氧、充气的装置，此外机库中还设有一个配备车床、铣床、钻床等的机械加工工作间。“阿尔文号”HOV与其支持母船“亚特兰蒂斯号”如图2.7所示。

图2.7 “阿尔文号”HOV与其支持母船“亚特兰蒂斯号”

（2）俄罗斯“Akademik Mstislav Keldysh号”

“Akademik Mstislav Keldysh 号”是俄罗斯载人潜水器MIR-Ⅰ、MIR-Ⅱ的支持母船，如图2.8所示，船

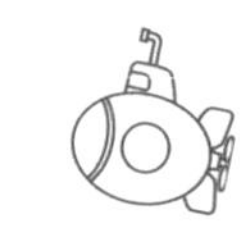
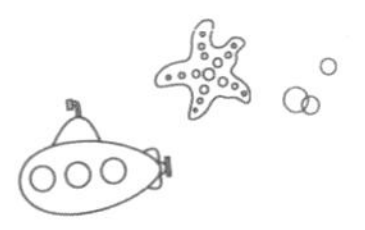

图2.8　MIR与其支持母船“Akademik Mstislav Keldysh号”

图2.9　“Nautile号”HOV与其支持母船“LAtalante号”

长122.2m，总吨位5543t，是当今世界载人深潜器母船中最大的一艘，拥有20000海里的续航能力，可以搭载129人（船员与科学家）在海上以12.5kn的速度航行303天。船上实验室包括水文实验室、水化实验室、物理海洋实验室、地质学/生物学实验室、生物化学实验室等，总面积约280m^2。

（3）法国“LAtalante号”

法国1989年制造的“LAtalante号”是一艘综合调查船，同时，也是“Nautile号”深海载人潜水器的支持母船。船长84.6m，排水量3559t，定员30~33人，并且可以在12kn航速下续航60天，最大航速15.3kn。根据其功能定义，共设有集装箱实验室、净实验室、超净实验室、电子测量实验室等14个科研实验室，总面积超过了355m^2。“Nautile号”HOV与其支持母船“LAtalante号”如图2.9所示。

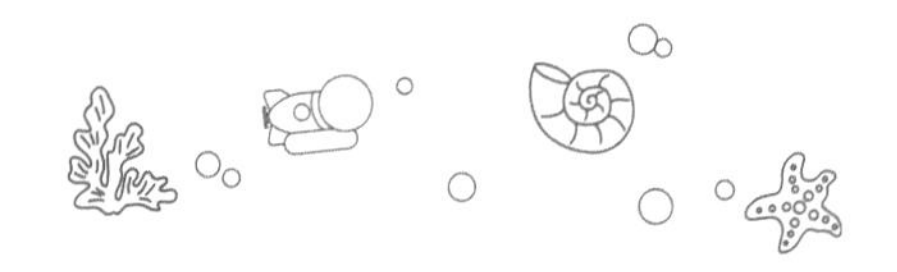

（4）日本“Yokosuka号”

图2.10　“Shinkai6500”HOV与其支持母船“Yokosuka号”

日本的“Shinkai6500”载人潜水器的支持母船“Yokosuka号”制造于1990年，船长105m，型宽16m，型深7.3m，吃水4.5m，排水量4439t，续航力9500海里，经济速度16kn，由两台2206kW的柴油机提供动力。船上实验室包括干实验室、湿实验室、重力实验室、无线实验室以及岩石采样处理实验室。长9m、宽2m、高3m的机库用于存放和维护维修“Shinkai6500”载人潜水器。“Shinkai6500”HOV与其支持母船“Yokosuka号”如图2.10所示。

（5）我国“深海一号”

“深海一号”是我国首艘按照绿色化、信息化、模块化、便捷化、舒适化和国际化原则设计制造的具有国际先进水平的载人潜水器支持母船，船长90.2m，排水量4000t，续航力12000海里，是一艘适应无限航区航行的，为“蛟龙号”载人潜水器深潜作业提供水下、水面支持及维护保养，充分发挥其在深海科学考察、海底资源勘查、深海生物基因研究领域技术优势的专用支持母船。该船不仅配备了满足相关调查及数据处理所需要的多种类型实验室，还搭载了“海龙号”无人遥控潜水器和“潜龙号”无人无缆潜水器，具备“三龙”系列潜水器同时作业能力。“深海一号”于2017年9月16日在武汉开工制造。“蛟龙号”HOV与其支持母船“深海一号”如图2.11所示。

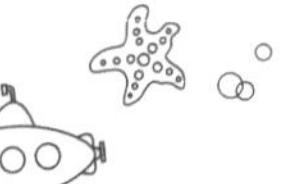

图2.11　“蛟龙号”HOV与其支持母船“深海一号”

（6）我国“探索一号”

“探索一号”原来叫作“海洋石油299”，原为中国海洋石油集团从挪威购置的“开拓号”，作为海洋工程铺管作业船/多功能作业船。它于2004年9月从挪威到达中国天津投入使用。2013年，中国科学院购买该船，将其改造成4500m载人潜水器（“深海勇士号”）母船以及深海科学考察平台，2016年5月正式交付使用。“深海勇士号”HOV与其支持母船“探索一号”如图2.12所示。

图2.12　“深海勇士号”HOV与其支持母船“探索一号”

“探索一号”总长94.45m，排水量6250t，载重量2063.5t，安装有深海作业绞车系统、测深系统、沉积物采集装置、地震空压机系统，以及门架、吊车等辅助机械。主要包括万米级CTD绞车系统2套及铠装缆1套、万米级地质绞车系统及钢缆1套、光电缆绞车1套（目前无光电缆）、万米测深仪1套、12通

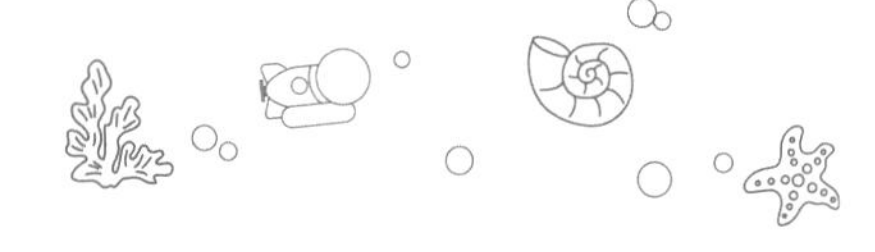

道沉积物柱状采样器1套、箱式采泥器1套、活塞柱状采泥器1套、地震空压机及大容量气枪2套、CTD门吊1台、4吨伸缩折臂吊1台、8吨伸缩折臂吊1台，具备开展深海科学考察、试验的能力。

（7）我国“探索二号”

“探索二号”是我国首艘全数配备国产化科考设备的载人潜水器支持母船，由一艘海洋工程船历经一年半时间改造而得，于2020年6月25日启航交付。“探索二号”总长87.2m，型宽18.8m，型深7.4m，最高航速14.2kn，满载排水量6700t，续航力大于15000海里，自持力不低于75天，可同时搭载60名科考队员开展海试任务。“探索二号”不仅可支撑深海、深渊无人智能装备进行各项海试任务，还可同时搭载万米载人潜水器“奋斗者号”和4500m载人潜水器“深海勇士号”。“奋斗者号”HOV与其支持母船“探索二号”如图2.13所示。

图2.13　“奋斗者号”HOV与其支持母船“探索二号”

2.2　深潜探测装备

海洋观测监测技术是指对海洋水体及其界面的物理、化学、生物等参量及其相互作用与过程进行不同时空尺度的测量应用技术，主要用于海洋动力环

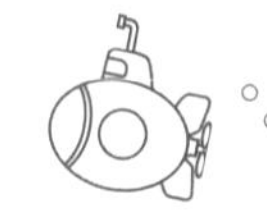

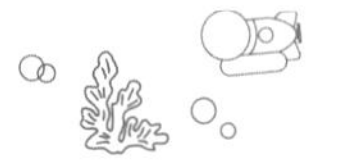

境、海洋生态环境以及海洋立体环境的探测与监测，包括工程化的测量方法和仪器设备等，是人类认识海洋、了解海洋、揭示海洋规律、开发利用海洋资源的手段。本书所指的深海观测监测装备技术，主要指用于深海，尤其是深海海底观测监测的装备技术，包括深海水下移动平台、半移动平台、固定平台，即深海运载装备、深海拖曳探测装备和深海原位监测装备，以及精细取样装备等原位观测监测传感器。

2.2.1 深海运载装备——深潜器

图2.14为水下运载器的发展历程。水下运载器是潜水器的一种别称，包括载人潜水器（HOV）、无人遥控潜水器（ROV）和无人自主潜水器（AUV）。通常认为水下运载器发展经过以下3个阶段：

第1个阶段为1953—1974年，主要进行潜水器的研制和早期的开发工作。先后研制出20多艘潜水器。

第2个阶段为1974—1985年，由于海洋油气业的迅速发展，是水下运载器的大发展时期。到1981年，无人遥控潜水器发展到了400余艘，其中90%以上是直接或间接为海洋石油开采业服务的。水下运载器在海洋调查、海洋石油开发、救捞等方面发挥了较大的作用。

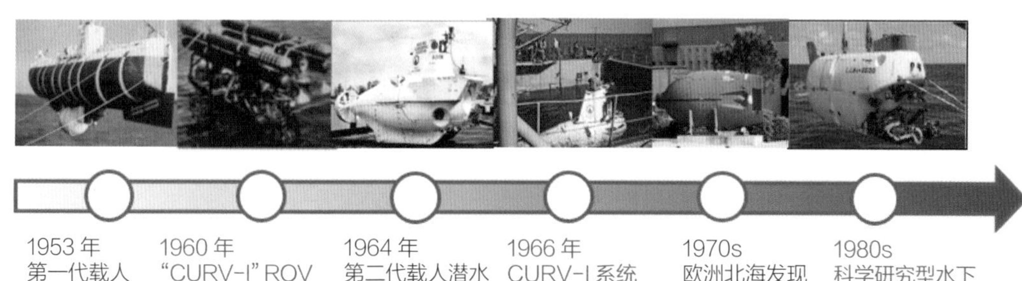

图2.14 水下运载器的发展历程

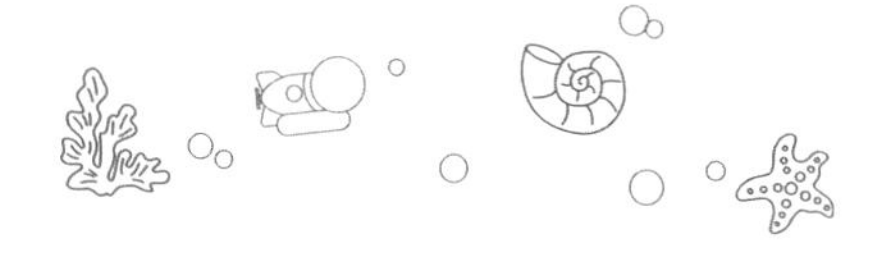

第3个阶段为1985年后，潜水器又进入了一个新的发展时期。水下运载器得到长足发展，在1988年猛增到958艘。这个时期增加的潜水器多数为ROV，大约增至800艘，其中420余艘是直接为海上油气开采服务的。

载人潜水器(Human Occupied Vehicle, HOV)：综合性能的提升、经济性的提高是未来HOV在水下装备体系中占有重要的一席之地的重要因素。为实现这些目标，应在解决全新下潜上浮模式的基础上，突破高密度能源、耐压材料、浮力材料、高精度水下导航与通信等技术，进一步基于人、机与整个客观环境相结合的理念，解决三者间的信息传递、加工和控制等问题，并将此理念贯穿于HOV的设计、研制、建造、使用全过程。

无人遥控潜水器或遥控水下机器人（Remote Operated Vehicle, ROV）：主要工作在未知、复杂或危险的水下环境，一般由母船通过脐带电缆或系缆向ROV传输动力、命令和控制信号；ROV的姿态及传感器数据也通过脐带或系缆传回母船。这样，ROV执行水下作业时，操作人员可以在相对舒适的环境下工作。

无人自主潜水器(Autonomous Underwater Vechicle，AUV)：是自带能源、自推进、自主控制的潜水器。母船可通过信号光缆或声、无线电或卫星等通信方式对其进行有限监督和遥控，AUV也可将其周围环境信息、目标信息和自身状态信息等回传给母船。AUV的研发具有技术密集度高、涉及学科面广的特点，涉及微电子、高速数字计算机、人工智能、小型导航、目标探测与识别等技术领域。

水下滑翔机（Underwater Glider，UG）：结合了自持式循环探测漂流浮标（Argo浮标）和无人自主潜水器（AUV）两种技术。水下滑翔机的驱动力来源是其自身的净浮力，通过调整自身的净浮力来实现其在水下的升沉运动，可将其视为安装了水平翼的Argo浮标。在升沉过程中，改变滑翔器的重心位置，调整其俯仰姿态，在水平翼上产生的水动力的水平方向分力，即成为前向驱动力。在净浮力和前向驱动力的作用下，产生斜向滑翔运动，沿锯齿形轨迹航行。

2.2.2　深海拖曳探测装备

在现代研究和开发海洋的先进技术手段中，拖曳系统装备的发展具有极其重大的意义。如图2.15所示，多种拖曳系统被广泛应用于各种海洋作业中，借助这些装备可以进行各种海洋科学要素和地球物理学参量的测量、海底地形的考察、海底电缆铺设、地质取样及蕴藏在大洋深处矿石的开采、水下固定工业设施的使用维护和修理等。深海拖曳平台作为人类探索海洋的一种重要工具，在海洋学研究、海底资源开发、海洋打捞救助以及水下目标探测等方面具有广泛的应用。

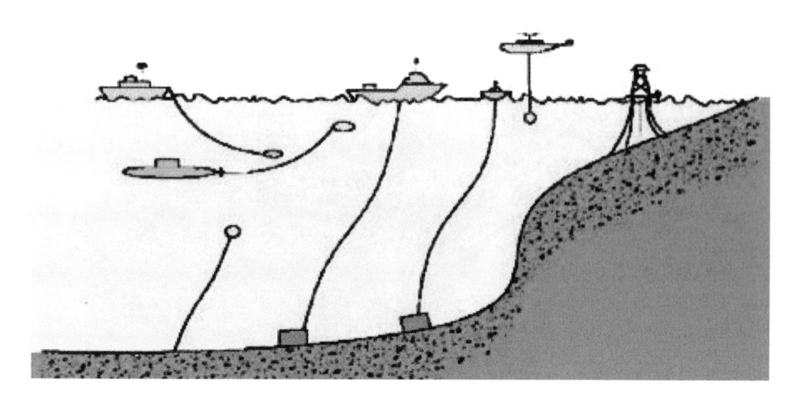

图2.15　拖曳系统

世界上第一个具有现代意义的拖曳系统出现在第一次世界大战期间，为协助美军探测敌方潜艇，美国海军实验中心的Hayes设计了拖曳式鳗鱼声呐系统。在此之后，通过科研人员的不懈努力，深海拖曳平台发展迅猛，根据作业要求的不同，已经发展出形式多样、用途广泛、性能可靠的多种拖曳系统，它们在海洋勘探、地球物理参数测定、军事等领域的应用广泛。当前世界上研究较为成熟的拖曳系统有以下两类。

（1）美国Teledyne Benthos公司的C3D系列产品

C3D产品是由著名的深拖系统公司Teledyne Benthos设计，如图2.16所示，拖体呈流线型，长约2.1m，直径0.27m，设计拖曳速度1~10kn，最佳的测试航速为3~5kn。拖体在水面以上部分的质量为158kg，在水面以下部分的质量为45.3kg，框架采用不锈钢材料制作，外壳采用聚乙烯材料制成，并使用Kevlar材

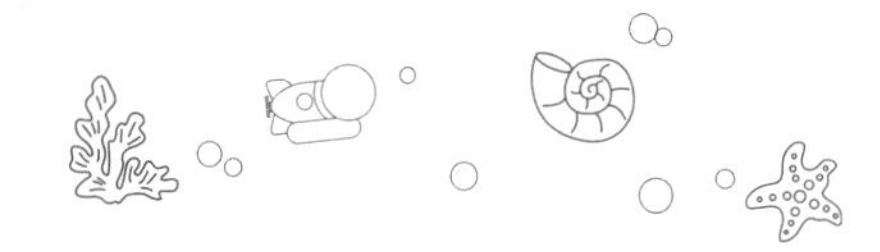

料进行拖曳，整个拖体的重量较轻，方便海上实验携带。C3D拖体内部装备有高度计、速度计、压力传感器和磁力传感器等仪器设备，并可以通过脐带电缆将监测到的信息高速传输给水面的研究人员，便于进行数据搜集和分析。如图2.17所示，该系列产品有着十分优秀的质量和使用可靠性。

图2.16　C3D某一拖体外形示意图

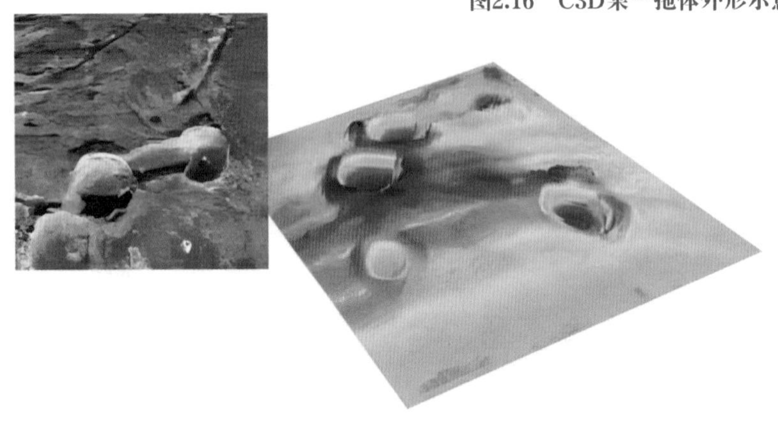

图2.17　C3D成形示意图

（2）美国Oceaneering公司的“海洋探索者6000”

“海洋探索者6000”是由美国Oceaneering公司设计的一款具有侧扫声呐和宽领域绘图的深海拖曳系统，如图2.18所示，长4m、宽1.5m、高1.2m，工作深度为6~6000m，质量约为2700磅（1224.7kg）。“海洋探索者6000”比较特别的是其结构为一个二级深拖系统，其一级拖体可以在6级海况下保持稳定，由于系统出色的运动稳定性，确保了高分辨率和大工作面积的要求，能够高标准完成搜寻和探测任务。其上装备有侧扫声呐、速度计、压力计和高度计等测量仪器，用于执行测绘任务。其中，频率为33/36kHz的声呐的工作范围为0.5~5km，水平方向上探测角为1.6°，垂直方向上探测角为40°；频率为120kHz的声呐的工作范围为0.1~1km，水平方向上探测角为1.6°，垂直方向

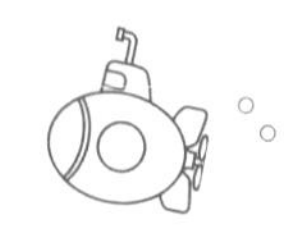

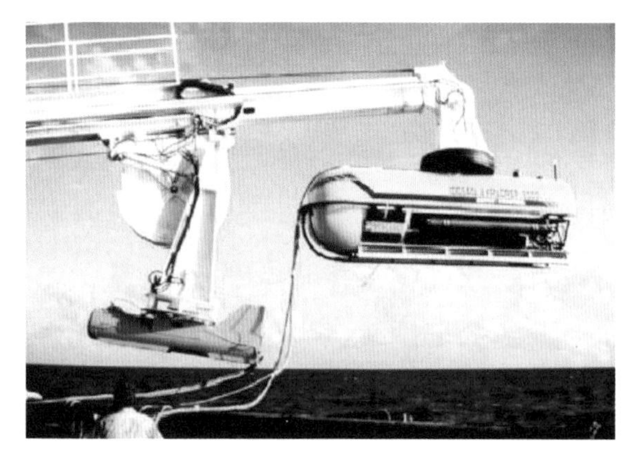

图2.18 “海洋探索者6000”深海拖曳系统

上探测角为60° 。“海洋探索者6000”可以用来寻找丢失在海底的东西，如失事飞机的黑匣子等。

2.2.3 深海原位监测装备——着陆器

1977年，着陆器的概念设计被首次发表。在国际大洋十年勘探（IDOE）计划的锰结核项目（MANOP）中开发了一种能够长期进行海底实验的无动力潜水器，也就是MANOP着陆器。如图2.19所示，该着陆器是锰结核项目进行原位海底沉积物边界化学研究的

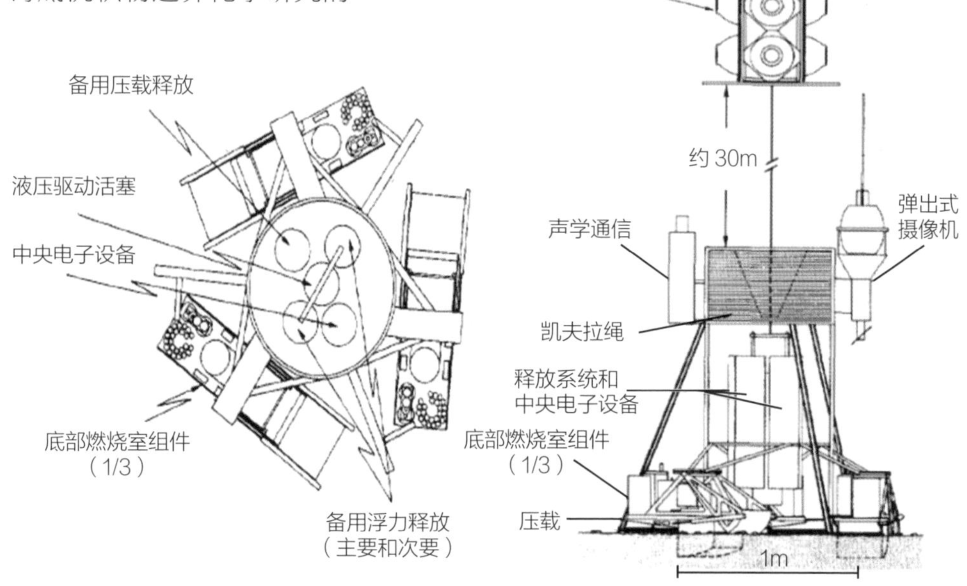

图2.19 MANOP着陆器

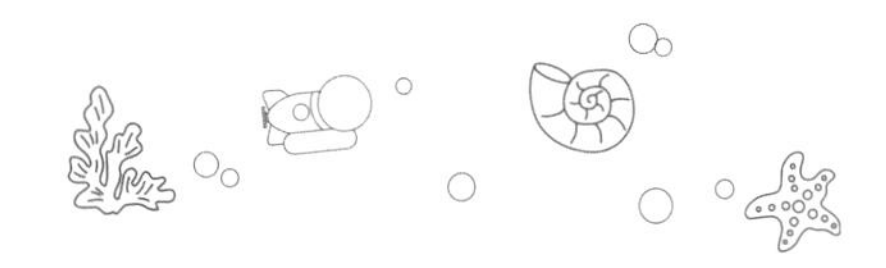

主要实验手段。着陆器结构外形是三脚架，带有三个位于三条支撑腿基部之间的独立底部实验腔室。整个结构在水平方向直径约2m，高度约2.5m，并且在着陆器上方30m处悬挂浮动阵列。

1997年，英国自然环境研究理事会（NERC）直接资助了BENBO项目，该项目是多机构合作、多学科交叉、涉及深海生物地球化学的海洋研究项目，主要目标是调查和量化海洋沉积物在深海床上发生的生物物理和生物地球化学过程。在BENBO项目中运用了一种新的多用途BENBO底基着陆器，并部署在北大西洋东部进行深海实验，如图2.20所示。该着陆器包括：①用于确定总底基生物呼吸和溶质通量的封闭室；②可以将最多四个氧微电极和两个pH微电极插入沉积物中并可以在非常高的空间分辨率（50mm间隔）下测量孔隙水浓度的微型模拟模块；③通过沉淀物-水界面插入DGT（薄膜中的扩散梯度）和DET（薄膜中的扩散平衡）凝胶探针以测量一种微型金属的通量和主要离子浓度的装置。

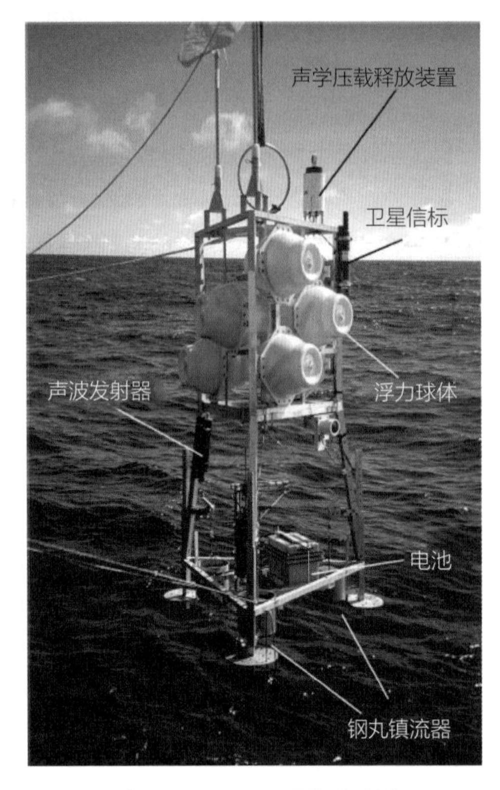

图2.20　BENBO底基着陆器

2001年8月，阿伯丁大学海洋实验室成功地将FRESP 3着陆器部署在北大西洋“豪猪号”海湾的1500m、2500m和4000m处。在2002年3月巡航期间，阿伯丁大学海洋实验室又成功将Sprint着陆器部署在北大西洋“豪猪号”海湾的4000m和2500m处。实验目的均是进行深海鱼类行为监测。

FRESP 3着陆器如图2.21所示，由一个管状铝制框架构成，铝制框架上安装了两个声学释放的压舱物、控制器和摄像机系统，其工作原理如图2.22所示。

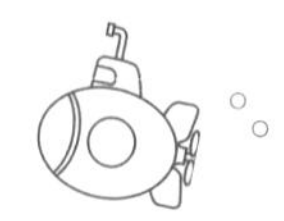
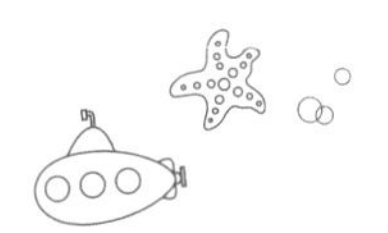

FRESP 3着陆器系统除了声学释放之外，都是由一台专用机载微处理器控制的。该微处理器运行并解析遵循基于文本的命令代码“C”编写的程序。每个部署过程都有单独命令代码，并通过PCMCIA闪存RAM卡加载到控制器中。

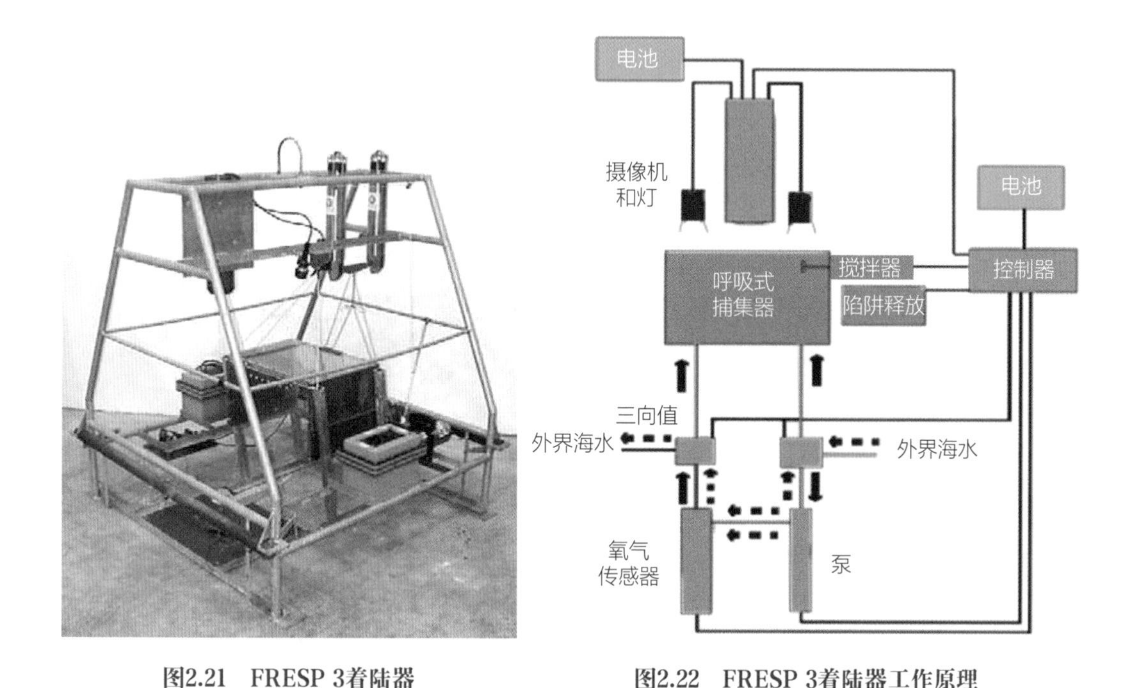

图2.21 FRESP 3着陆器

图2.22 FRESP 3着陆器工作原理

摄像机和控制器分别包含在阳极氧化铝和钛压力外壳内。着陆器所有系统的电源由两块12V压力补偿的铅酸电池提供。摄像机系统由改进后的数字录像机和具有广角自动光圈镜头的彩色CCD摄像机组成。摄像机安装在腔室底板上方1.5m处，并通过腔室上表面透明板观察捕获的鱼。两台50W深海光电多层灯用于摄像照明。该着陆器工作室陷阱装置捕获工作进行11min，摄像机和灯被激活1min，并继续进行三个类似过程以监测陷阱内的鱼类行为，从部署到回收时间为4~5天。

德国基尔大学研发了一系列的模块化着陆器，如图2.23所示，用于深海底层边界层的研究。在传统的自由落体模式或目标模式下，在混合光纤或同轴电缆上使用特殊的发射装置进行部署。着陆器由发射器精确定位，然后通过激活

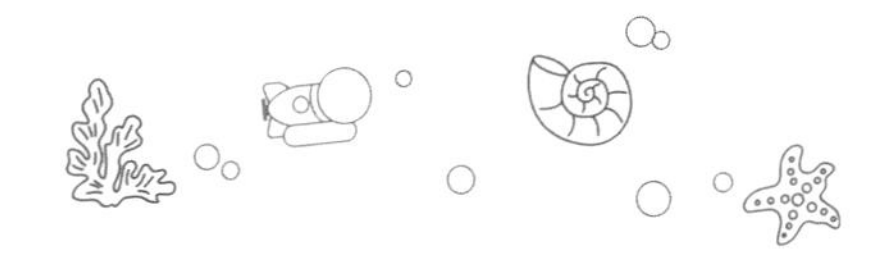

电释放器轻轻部署并快速断开。双向视频和数据遥测提供在线视频传输以及多种表面控制。通过光缆连接的自主着陆器集群，能够确保数据传输到地面，并在将来通过卫星连接到岸边。着陆器集群由各种类型的科学观察专用着陆器、小型自主车辆（AUV、履带）、系绳（ROV）的电源和车库组成。这些着陆器提供了一个支撑平台系统以进行多种实验：天然气水合物稳定性实验；从声波成像定量气体流量；整体底层边界层水流测量；粒子通量的定量；大型深海生物活动监测；沉积物-水界面处的流体和气体流量测量；沉积物界面处的生物地球化学元素通量测量（氧化剂、营养物质）。

图2.23　基尔大学研发的着陆器集群

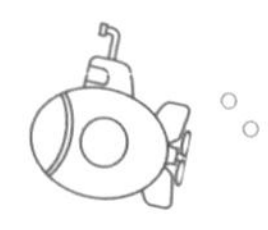

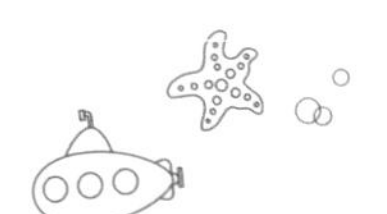

第3章

深海载人潜水器(HOV)

载人潜水器英文名称为Human Occupied Vehicle（HOV）或Manned Submersible，即有人的水下运载器。从这个意义上讲，潜艇也是载人潜水器的一种。由于应用目的的不同，载人潜水器有两个发展趋势：军事用途，即潜艇和深潜救生艇；民事用途，即狭义上的载人潜水器，也就是具有水下观察和作业能力的潜水装置。载人潜水器若无特指，均指狭义上的载人潜水器。

3.1 载人潜水器的诞生

深海载人潜水器，简称载人潜水器，最早可追溯到15~16世纪的列奥纳多·达·芬奇。据说他曾构思“可以水下航行的船”，这是载人潜水器最早的概念。

1578年，英国的数学家威廉·伯恩创作了《发明与设计》一书，此书描述了潜水器的设计依据和基础动力原理，在他的图纸（图3.1）上，用皮革包裹垫子与螺杆相连，通过螺丝驱动垫片就能控制排水量。1620年，世界上第一艘有文字记载的“可以进行水下运作的船只”由荷兰裔英国人科尼利斯·德雷尔建成，如图3.2所示，其主要是依据威廉·伯恩的设计，动力由人力提供，但有人认为那只是“缚在水面船只下方的一个铃铛状东西”，根本不能算潜水器。其后一百多年也有人在该艇的基础上进行改进，但发展较为缓慢，直到战争的来临。

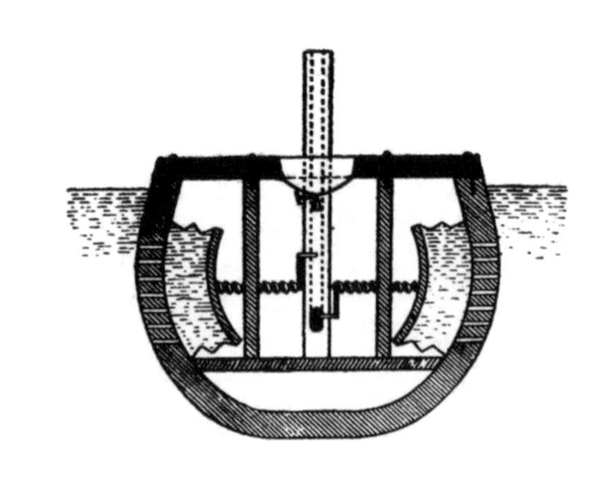
图3.1　威廉·伯恩的设计图纸

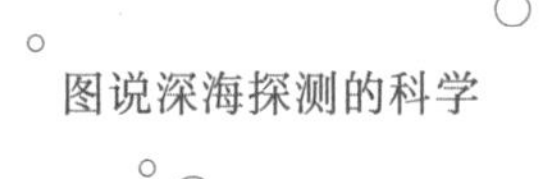
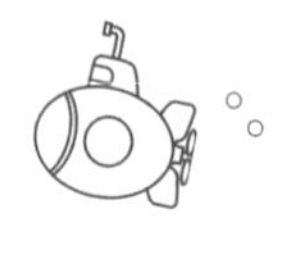

1648年，英国的切斯特主教约翰·维尔金斯（John Wilkins）著书《数学魔法》（*Mathematical Magic*）指出潜水器在军事战略上的优势，其后潜水器在军事上的用途被人们很快开发出来，也就是潜艇。在1776年的美国独立战争中，美国耶鲁大学的大卫·布什奈尔（David Bushnell）建成了“海龟号”（Turtle），如图3.3所示，潜艇第一次登上了战争舞台。同年，“海龟号”企图攻击英国皇家海军“老鹰号”（HMS Eagle），虽未获成功，但开创了潜艇首次袭击军舰的尝试。

在经历了战争的洗礼后，潜艇发展迅速，而载人潜水器在民用领域的发展，直到20世纪才有了较大发展。

图3.2　第一艘有文字记载的载人潜水器示意图及复原图

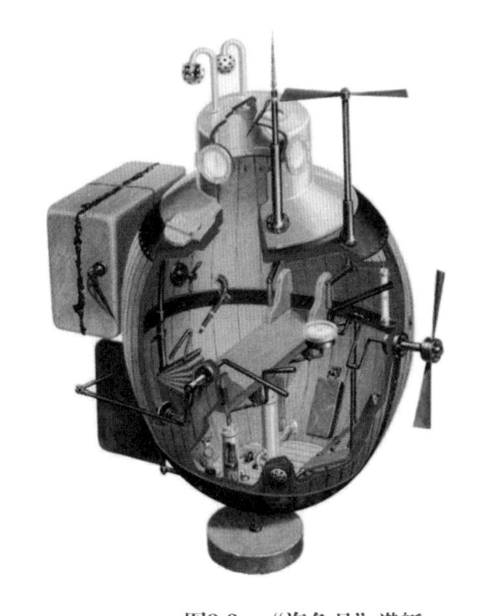

图3.3　“海龟号”潜艇

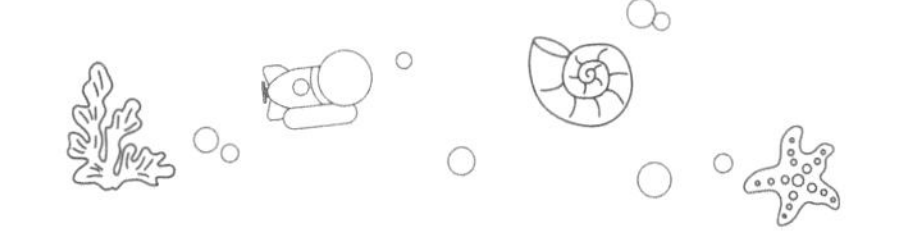

3.2 载人潜水器发展历程

在美国独立战争和南北战争时期，潜艇已经开始崭露头角，但其真正大展手脚是在第一次世界大战和第二次世界大战时期。新式武器的发展往往离不开战争，战争的迫切需要可以迅速催生出各种新型武器和新技术。压缩空气、声呐、氧气制备、新型材料等技术的出现使得人类向深海进军的梦想变得不是那么遥不可及。

3.2.1 第一代载人潜水器

第二次世界大战结束，皮卡德在比利时国家科研基金会的资助下，建成了第一艘“水下气球”式“弗恩斯（FNRS）Ⅲ号”载人潜水器，如图3.4所示。其载人舱是一个直径为2m的钢制球壳；除了控制仪器外，球壳内仅仅能够挤下两个人。1948年11月3日，该潜水器缓缓潜入水下26m。这次实验证明了只需艇上的驾驶员控制，同样能够完成自由升降。皮卡德又设计了一套遥控装置。第二次试验，潜水器下潜到了1370m的深度。当它浮出水面时，潜水器载人舱严重进水，外形因受巨大压力而变形，所以“弗恩斯Ⅲ号”潜水器并不是一个成功的载人潜水器。尽管如此，他的试验，使人类向深海探索的历程跨入一个崭新的纪元。

图3.4 “弗恩斯Ⅲ号”载人潜水器

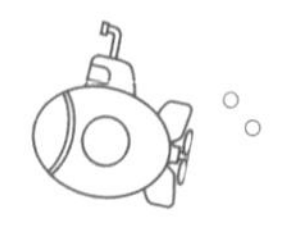

1951年，皮卡德带领儿子杰昆斯·皮卡德来到意大利港口城市的里雅斯特，在瑞典有关部门的支持下设计深海潜水器，该载人潜水器将成为真正意义上的第一代载人潜水器。这艘潜水器长15.1m，宽3.5m，艇上可载三个人。皮卡德父子将它命名为“的里雅斯特号”(Trieste)，如图3.5所示。皮卡德父子驾驶着“的里雅斯特号”数次打破了人类深海潜水的纪录。1958年，“的里雅斯特号”以高价转卖给美国海军。在皮卡德父子的直接领导下，美国海军从德国购置了一种耐压强度更高的克虏伯球，建造新型的“的里雅斯特号”深潜器。“的里雅斯特号”潜水器在1960年1月20日用了4小时43分钟的时间，潜到了地球海洋最深处——10916m马利亚纳海沟，最大潜水深度为10916m。这是人类历史上第一次抵达海底最深处，“的里雅斯特号”也成为第一艘抵达海底最深处的载人潜水器。皮卡德父子实现了他们的最终梦想，成为载人潜水器设计最成功的人和传奇式的英雄。

图3.5　“的里雅斯特号”潜水器

3.2.2　第二代载人潜水器

由于第一代载人潜水器依靠汽油浮力舱，导致其体积庞大，第二代载人潜水器采用一种新型浮力材料取代了汽油浮力舱，体积大大减小，同时部分载人潜水器装备了机械手，大大提高了载人潜水器的作业能力。“阿尔文号”“鹦鹉

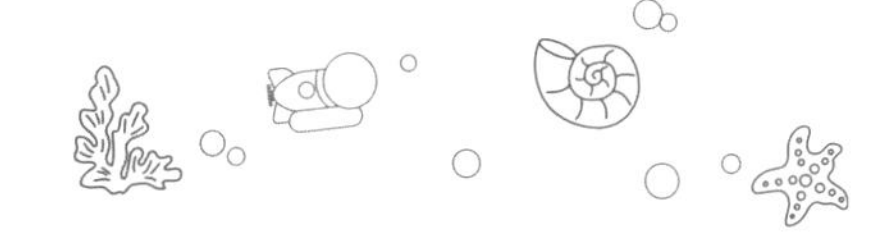

螺号”“和平号”“Shinkai6500”“蛟龙号”“奋斗者号”等载人潜水器都属于第二代载人潜水器。

“阿尔文号”（Alvin）深海载人潜水器至今仍是世界上最著名的深海考察装备，服务于伍兹霍尔海洋研究所（Woods Hole Oceanographic Institution，WHOI)。1963年9月，哈罗德和通用食品公司获得了美国专利，名为水下运载器（Underseas Vehicle），“阿尔文号”潜水器就是基于该专利建造的，其原型如图3.6所示。

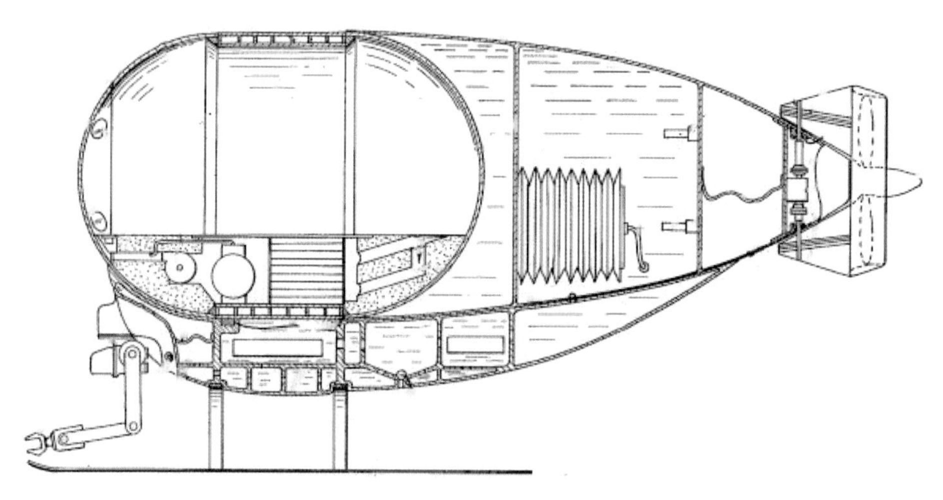

图3.6 “阿尔文号”原型

“阿尔文号”潜水器于1964年正式建成，至今仍在服役，被大多数人称作“历史上最成功的潜水器”。早期的“阿尔文号”重约17t，长7.13m，高3.38m，宽2.62m，航行半径约为10km，航速可达到1kn，最高航速为2kn，由五个水力推进器驱动，潜水器供电系统由铅酸电池组成。“阿尔文号”的框架和载人球壳材料为钛合金，在正常情况下它能在水下停留10小时，不过它的生命保障系统可以允许潜艇和其中的工作人员在水下生活72小时。研究人员在“阿尔文号”潜水器中可进行生物、化学、地球化学和地质以及地球物理学方面的研究。

但“阿尔文号”的发展之路并不是一帆风顺。1968年，在科德角附近海

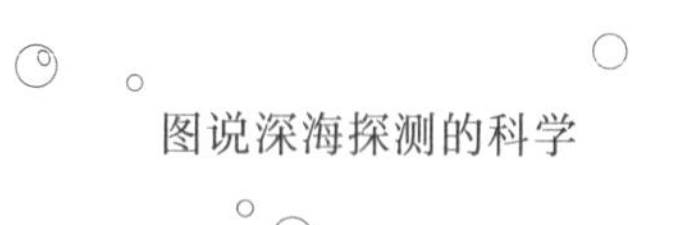

域进行下潜准备工作时，将“阿尔文号”提起和放入海中的钢缆断裂，“阿尔文号”掉入5000多英尺（1英尺约0.3米）下的海底。幸运的是，当时潜水器掉入海中时是封闭的，潜水器中只有驾驶员艾德布兰德，他在离开潜水器时只受了些轻伤。“阿尔文号”在被重新打捞上来之前，在海底足足待了11个月。在打捞期间，虽然它的一个部位受到了损伤，但“阿尔文号”在接近零度的水温和缺氧的环境中仍然保存良好。随后，“阿尔文号”进行了大修和技术升级改造。升级改造后的形态如图3.7所示。

图3.7　最终形态的“阿尔文号”

3.3　载人潜水器核心关键技术

载人潜水器是一个高度集成的高新技术装备，涉及机械、液压、流体力学、结构力学、材料力学、电气、水下通信、生命支持等多个学科，是当之无愧的深海高新技术明珠。国际上一般将载人潜水器的结构分为耐压壳体与外部结构系统、压载和纵倾调整系统、动力系统、控制系统和生命支持系统等。从维护保障的角度，其可细分为结构系统、推进系统、电力配电系统、控制系统、声学通信系统、液压系统、压载与纵倾调节系统、作业系统、生命支持系统、应急保障系统等。典型的载人潜水器“阿尔文号”的结构如图3.8所示。

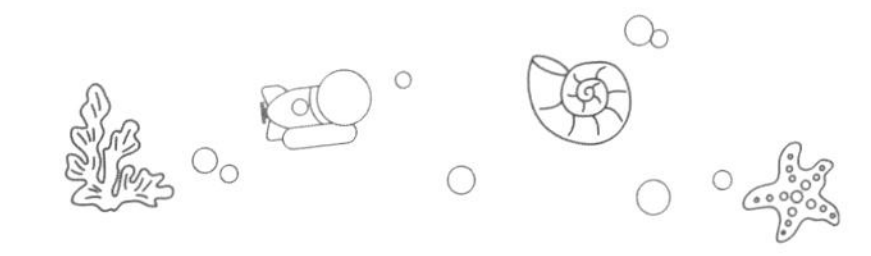

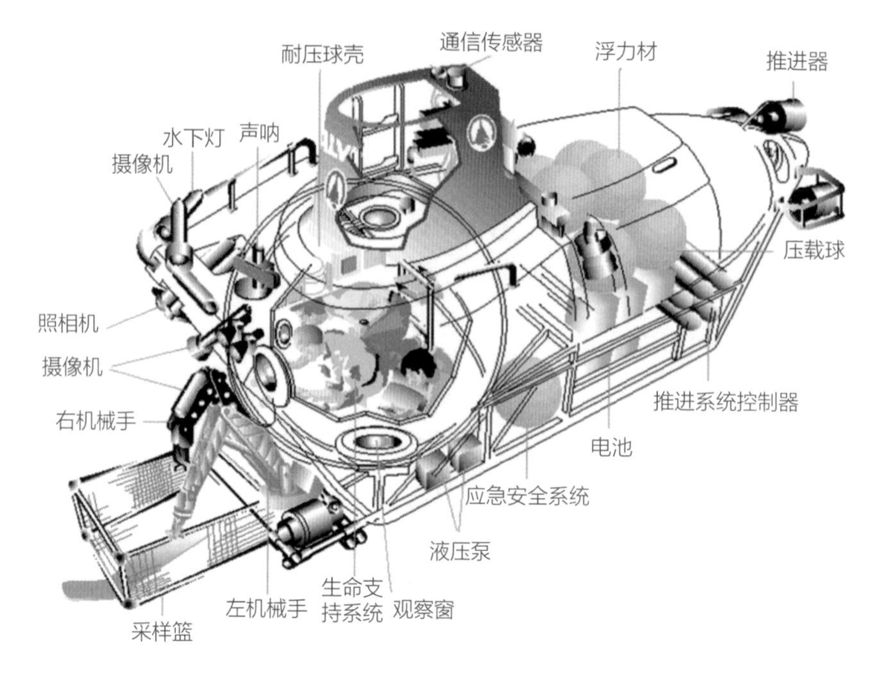

图3.8　载人潜水器“阿尔文号”结构示意图

就运行作业环境而言，深海海底不同于陆地，极端恶劣，因此从某种程度上而言，入海比上天还要难。主要在于深海覆盖着几公里厚的巨大水层，每下沉10m增加1个大气压，在几千米深的深海中，每平方厘米，也就成人指甲盖大的面积上就要承担几百千克的压力。巨大的压力对深潜器而言是个极大的考验，因此，深海耐压结构技术是载人潜水器的核心技术之一。同样，巨厚水层给水下推进和液压驱动带来了压力，更重要的是水下通信问题。不同于陆地，海水具有很强的信号吸收能力，陆地上常用的通信手段在水下几乎无济于事，这极大地增加了载人潜水器通信定位和探测的难度。再就是如何保障人类在海底长达数十个小时的正常生活也极具挑战性。深海耐压结构技术、深海海底潜航推进与液压驱动技术、海底通信定位与探测技术、生命支持技术，无疑是载人潜水器最核心的关键技术。

3.3.1　深海耐压结构技术

世界上第一艘深海载人潜水器要追溯到20世纪30年代，皮卡德在1933年

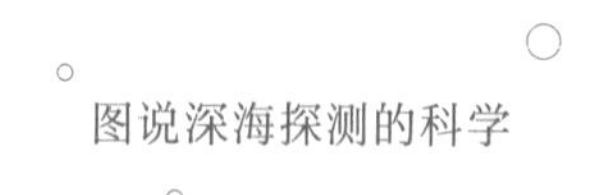
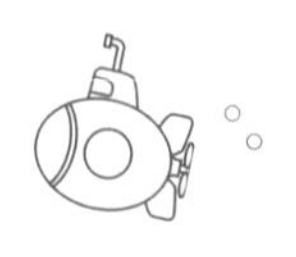

认为，要使潜水器下潜到2000m以下，必须在潜水器上加一个压力舱加以保护。他设计出一种独特的“水下气球”潜水器，分为钢制的潜水球和像船一样的浮筒。浮筒内充满比海水密度小得多的轻汽油，为潜水器提供浮力；同时又在潜水球内放进铁砂等压舱物，以助它下沉。潜水器完全抛掉系缆绳，在海洋里自由沉浮和航行。

现代载人潜水器压力舱包括能承受深海压力的大直径载人耐压壳、小直径仪器耐压罐、可调压载水舱、高压气罐等耐压壳体，浮筒已经被低密度耐压浮力材料取代，耐压壳体的重量约占潜水器总重量的1/4。因而，合理设计耐压壳体，在保证强度的基础上降低壳体重量，对潜水器性能有举足轻重的影响。目前，基于新材料的耐压壳设计计算理论已经较成熟，如钛合金，“阿尔文号”和“蛟龙号”载人潜水器的载人耐压壳都是采用钛合金制成的，如图3.9和图3.10所示。

图3.9 “阿尔文号”载人耐压壳

图3.10 “蛟龙号”载人耐压壳

浮力材料为潜水器提供正浮力，部分构成潜水器流线的外形，还有的作为稳定翼的填充材料和内部设备的安装底座。载人潜水器浮力材料一般使用玻璃微珠与环氧树脂复合材料，浮力材料的重量约占大深度潜水器总重量的1/3，浮力材料的密度愈小，潜水器的重量愈轻。降低浮力材料的密度仍然是近年来研究的热点，但难度已经越来越大。“阿尔文号”浮力材料比较简约，只有数个较大的浮力材料，如图3.11所示。“阿尔文号”在2011—2013年进行了大修

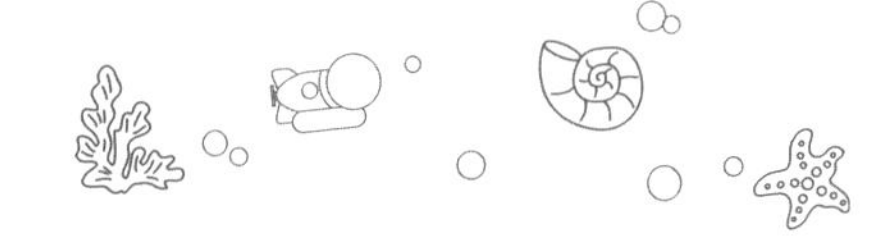

和技术升级，部分组件已具备6500m下潜的能力，但浮力材料不在此列；“蛟龙号”浮力材料体积小、数量多，如图3.12所示，这些浮力材料是保障“蛟龙号”可下潜7000m的关键因素。

图3.11 “阿尔文号”浮力材料

图3.12 “蛟龙号”浮力材料

3.3.2 潜航推进与液压驱动技术

（1）推进系统

推进系统主要负责载人潜水器前进/后退、上浮/下潜和转向运动。一般情况下，载人潜水器推进器由以下几个部分组成：

①螺旋桨：将转动的机械能量转换为可推动潜水器的水动力的机构；

②桨毂：安装螺旋桨的一个圆柱形结构；

③磁耦合部分：将电机的转动转换为螺旋桨转动的机构；

④减速齿轮：将电机的高转速降低到螺旋桨转动转速的机构；

⑤电机：直流无刷电机；

⑥油补偿器：为电机提供压力平衡的机构；

⑦电机驱动器：驱动电机转动的电子线路部分；

⑧水密接插件：连接推进器与控制及供电的电缆。

“阿尔文号”潜水器推进系统由6个推进器组成，其中3个在尾部，负责潜水器前进和后退，如图3.13所示，其中布置在侧方的两个推进器可以180°转动；2个推进器固定在艇体中部，如图3.14所示，负责潜水器短时间向上和

向下运动（不是上浮和下潜，上浮和下潜运动都是依靠潜水器的重力和浮力完成）；1个推进器位于潜水器尾部艇体内（侧向推进器），负责潜水器转向运动。“蛟龙号”潜水器推进系统由7个推进器组成，和“阿尔文号”不同的是其尾部多了1个推进器，且负责垂向和转向运动的推进器都布置在艇艏，如图3.15和图3.16所示。

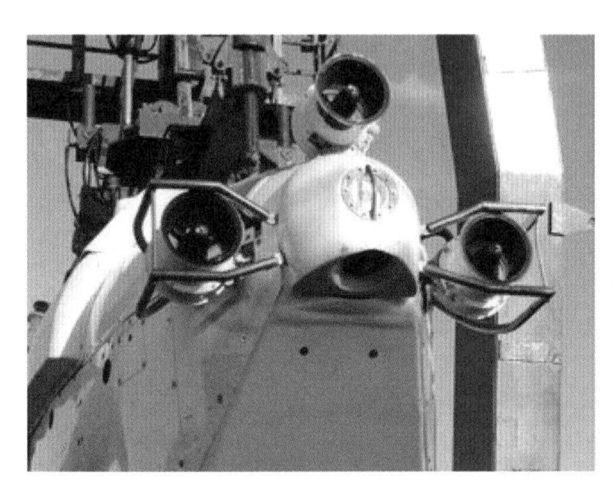

图3.13　“阿尔文号”尾部推进器

图3.14　“阿尔文号”艇体中部推进器

图3.15　“蛟龙号”尾部推进器

图3.16　“蛟龙号”艇艏垂向和转向推进器

（2）液压系统

液压系统是载人潜水器上重要的动力源，主要为应急抛弃系统、可调压载系统、纵倾调节系统、作业系统以及导管桨回转机构等提供动力。它通过有效的压力补偿，可以在高压环境下工作，而不需要设计坚实的耐压壳体结构来保护，是目前深海作业的主要驱动方式。

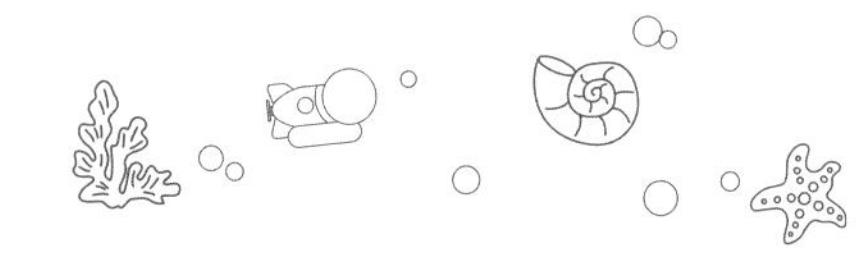

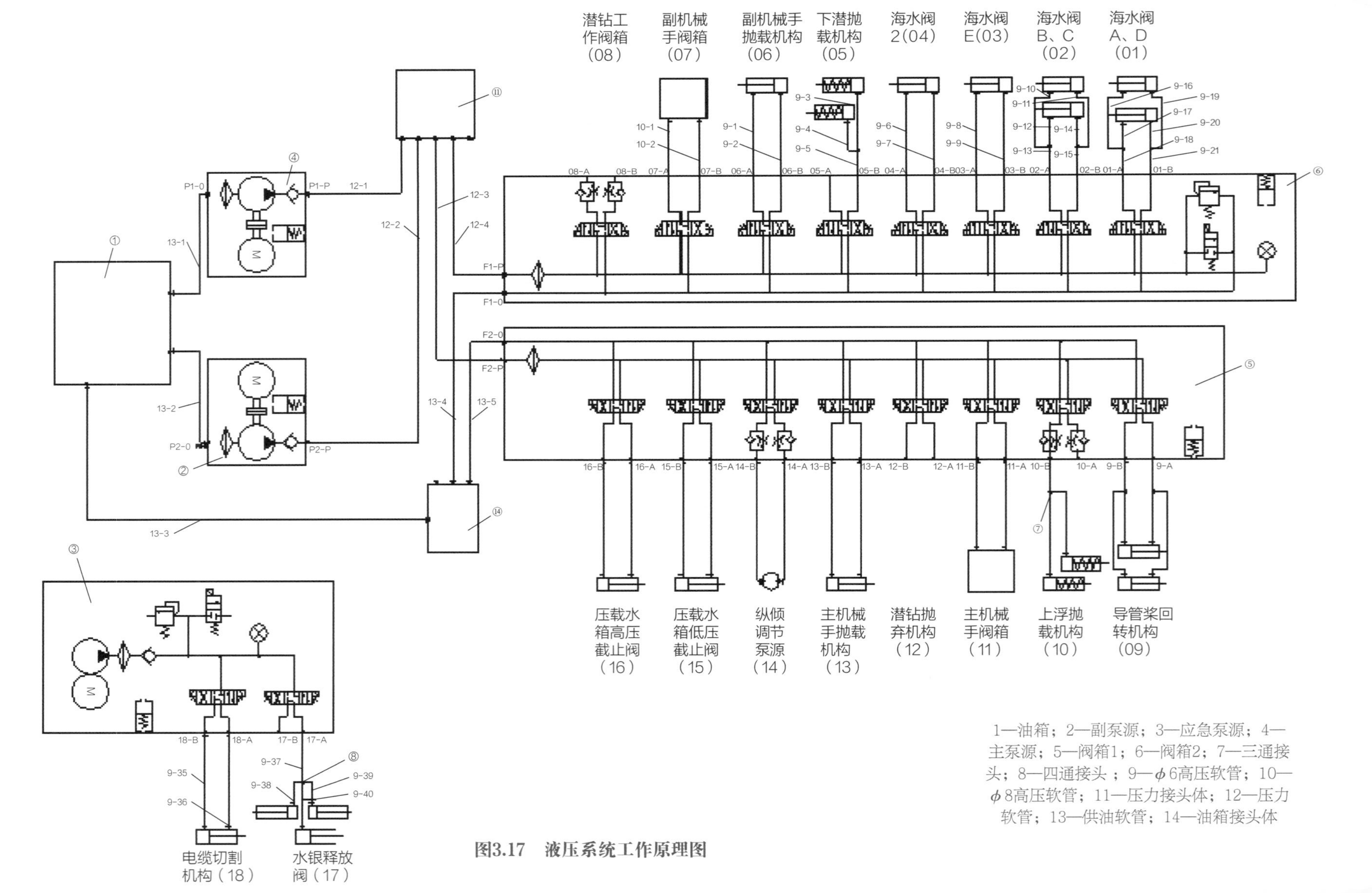

图3.17　液压系统工作原理图

液压系统工作原理如图3.17所示，它以液压油为工作介质，把直流电机的机械能先转化为工作介质的压力能，再由传送管道将具有压力能的工作介质输送到执行机构，最后由执行机构推动负载运动，把液压油的压力能再转化为工作机构所需的机械能。其主要为执行机构提供动力。执行机构主要有机械手（图3.18）及其载机构、可调压载系统海水阀、压载水箱注排水系统截止阀、纵倾调节系统泵源、导管桨回转机构、潜钻、潜钻抛弃机构、下潜抛载机构、上浮抛载机构、水银释放阀以及主蓄电池电缆切割机构等。

以“蛟龙号”载人潜水器为例，液压系统主要技术指标和性能参数如下：

工作环境为深海7000m；

具备良好的防腐特性；

系统最大消耗功率约12kW；

工作压力为21MPa；

系统最大输出流量为25L/min；

电机工作电压为直流110V、24V；

系统具有输入输出管系自动压力补偿功能；

应急泵源：工作电压24V DC，工作压力21MPa，流量1.2L/min。

（a）“阿尔文号”机械手

（b）“蛟龙号”机械手

图3.18　机械手

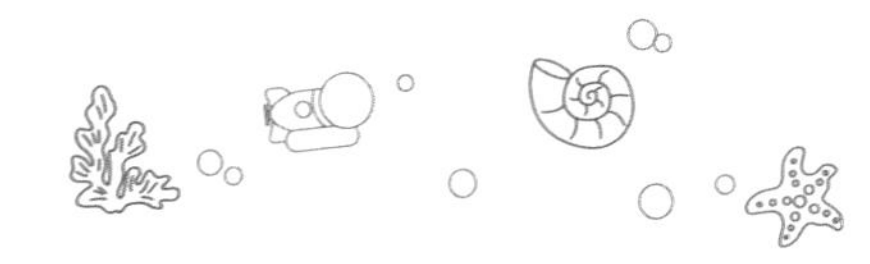

3.3.3 声学通信定位与探测技术

声学是载人潜水器重要的潜航保障和探测作业技术手段。根据载人潜水器应用需要，现代载人潜水器声学系统一般包括水声通信机、高分辨率测深侧扫声呐、避碰声呐、远程超短基线定位声呐、声学多普勒测速仪和前视成像声呐，如图3.19所示。声呐主控器用于多个声呐的控制和协同。运动传感器由声学系统和航行控制系统共用，既用于声学数据修正，又用于航行控制。

水声通信机用于在载人潜水器与水面支持母船之间建立实时通信联系。通过它，母船向载人潜水器发出指令，载人潜水器向母船传输各种数据、语音和图像，包括彩色电视图像和声学图像，每10秒可以传送一幅彩色图像。

高分辨率测深侧扫声呐安装于载人潜水器的两侧，用于测量海底的微地形地貌和海底、水中的目标，实时绘制出现场的三维地图。它能在复杂的海底工作，给出目标的高度，因此十分适合在钴结壳区域进行勘查工作和在大洋热液场测量热液喷口“烟囱”的几何尺寸。国际上已有的载人潜水器上尚未装有此种声呐。

在载人潜水器的前部装有机械扫描成像声呐，用于探测前方水中目标及海底地貌，供驾驶员对周围地形环境进行超视距观察，一方面搜索目标，另一方面规避障碍物，保证潜水器的安全。

避碰声呐安装在载人潜水器的前部和侧面，能够测量潜水器上、下、左、右、前、后各方障碍物的距离，帮助驾驶员规避障碍物，保证潜水器的安全，并为航行控制提供距底高度数据。

在载人潜水器的顶部装有应答器，利用母船上的远程超短基线定位声呐就可以测出潜水器的位置，与GPS系统结合就可以获得潜水器的绝对位置。

声学系统的组成如图3.19所示，按空间位置可分为水面部分、潜水器舱外部分和潜水器舱内部分。水面部分包括水面主控计算机和吊放式声呐阵，它需要与远程超短基线定位声呐和母船导航定位系统协同工作。水面监控系统人机界面如图3.20所示。

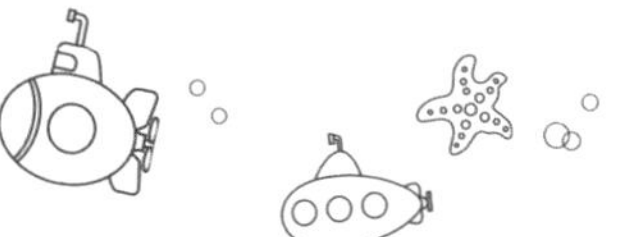

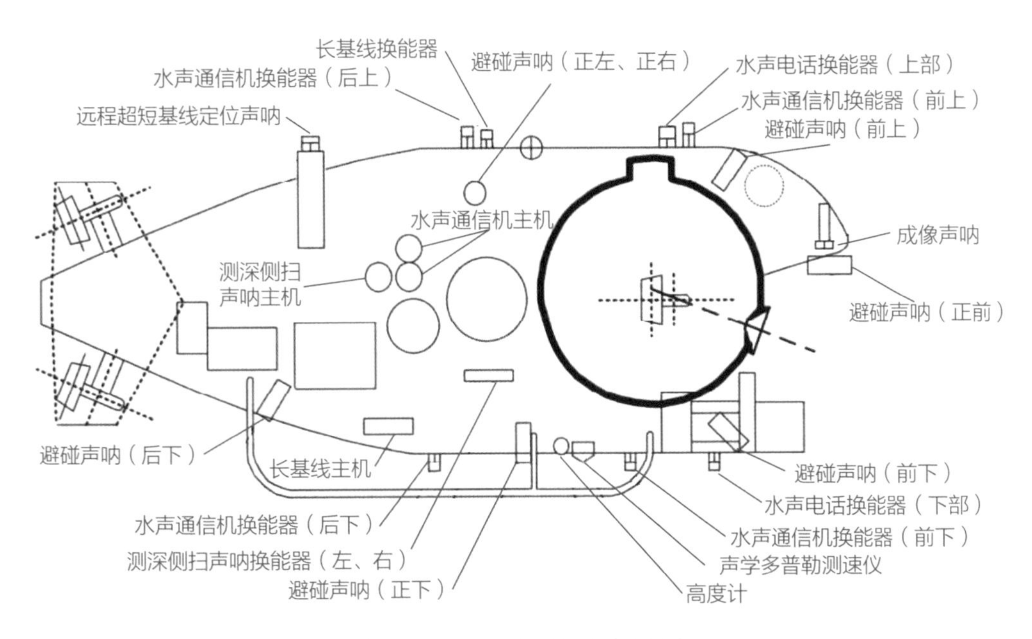

图3.19　载人潜水器声学系统组成

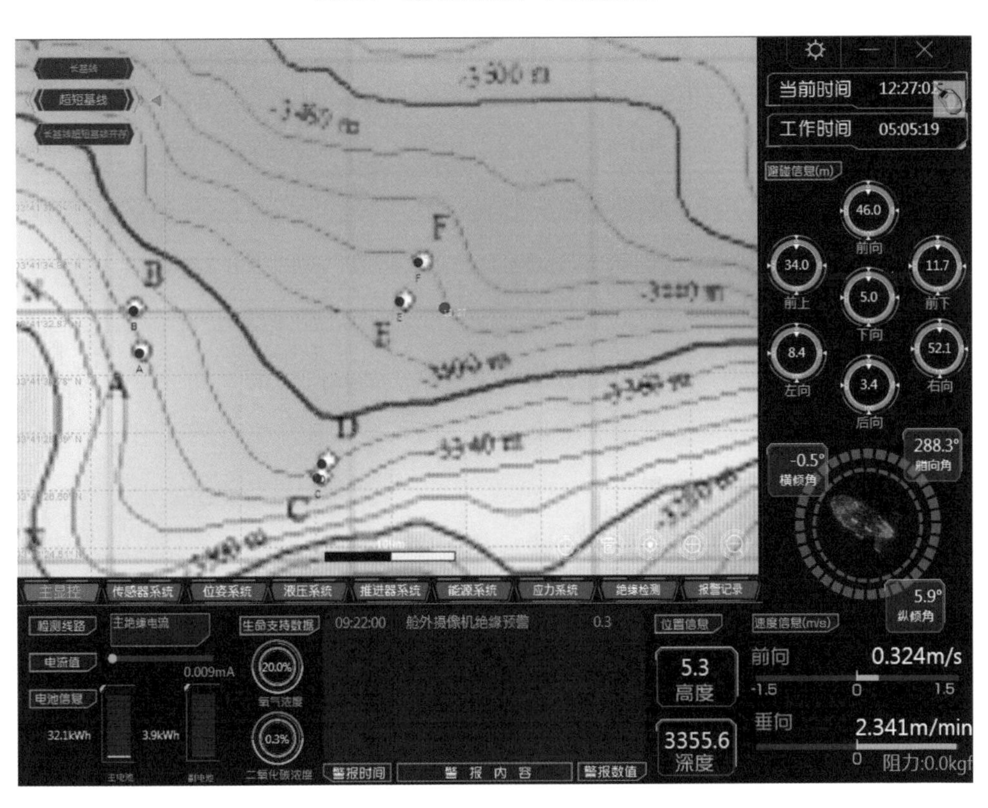

图3.20　载人潜水器水面监控系统人机界面

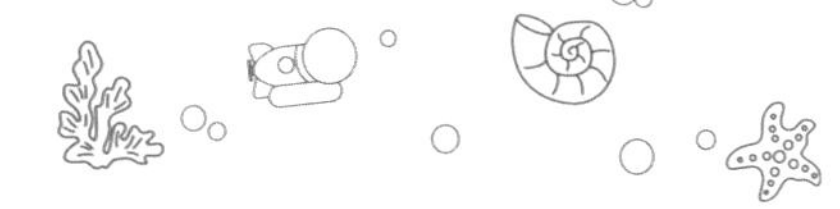

3.3.4 生命支持技术

载人潜水器乘员舱大气环境参数的控制是其最本质和最重要的功能。其中，又以氧气供应和二氧化碳清除最为关键。同时，它还应具备使舱内空气流动循环、降低舱内环境湿度、改善舱内空气质量的装置。从对生命支持的可靠性要求以及乘员的安全性角度出发，生命支持分系统必须包含有应急装置，以作为处置应急情况的手段，对正常工作的装置也是一种冗余备份。

供氧装置的作用就是及时持续地补充乘员舱内因乘员活动而消耗掉的氧气，为此首先要有合适的氧源。通常的氧源可以采用物理储存的方法，也可以采用化学制备的方法，二者各有利弊。物理方法具有技术成熟、氧气质量好、费用低的优点；化学方法则有体积小、重量轻、安全性好的优点。

我国自主研发的载人潜水器均采用物理储存的方法，即把氧气事先储存在高压氧气瓶中，作为生命支持的氧源。氧气瓶里的氧气压力通常有10~13MPa，这样高的压力，控制使用不方便，容易造成大气环境中氧浓度的波动和氧浓度分布不均匀，所以，必须使用一个减压阀将它减为0.2MPa左右的低压氧气。为了能自动控制乘员舱内的氧浓度，将低压氧气送至一个电磁组合阀，控制器根据氧浓度传感器的检测信号和设定的氧浓度控制范围来操作电磁阀的开闭。当舱内氧浓度低于要求时，将常闭电磁阀打开，增加氧气流量。当氧浓度高于要求时，关闭常开阀，从而达到自动调整舱室氧浓度的目的。经过电磁阀的氧气再经过一个流量计后，弥散到乘员舱的大气环境中。流量计的作用是可以实时了解实际的氧气补充流量。

二氧化碳是乘员呼吸代谢的产物，必须及时清除。清除二氧化碳的方法有多种，如按清除二氧化碳的材料能否再生来划分，可分成再生式清除方法和消耗性清除方法。再生式清除方法有固态胺（弱碱性树脂）、分子筛、电化学去极化电池以及金属氧化物，通常采用再生式清除方法的装置都需要消耗较多的能源，而且一般体积也比较大。对于像潜水器这样的短时间工作、体积、重量、能源都严重受限的场合，往往选择消耗性的清除方法。这一类方法有碱性

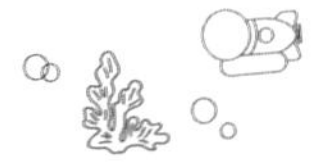

类石灰（如钠石灰、钡石灰）、无水氢氧化锂和超氧化钾（钠）等固态二氧化碳吸收剂。氢氧化锂和碱性类石灰相比，它的单位重量吸收率要高许多，并且在低温和潮湿条件下的吸收性能也更稳定，目前多采用氢氧化锂作为二氧化碳吸收剂。

无水氢氧化锂吸收二氧化碳的化学反应式是：

$$2LiOH + CO_2 \longrightarrow Li_2CO_3 + H_2O + q$$

无水氢氧化锂首先吸收被处理气体中的水汽，生成带结晶水的氢氧化锂（$LiOH \cdot H_2O$），再吸收气体中的二氧化碳，生成碳酸锂（Li_2CO_3）。这个反应是放热反应，1kg的二氧化碳与氢氧化锂反应的产热量为2044.8kJ。产生的热可使生成的水汽化，汽化水又进一步使氢氧化锂水化。

要取得很好的吸收效果，装置的设计也是一个关键。要使得被处理的气体流过吸收装置，跟装置里的吸收剂充分作用，净化后的气体再通过过滤层，滤除气体中的固体微粒后返回到乘员舱的大气环境中。此外，气体和吸收剂的充分作用要考虑两个因素：一个是作用的面积，一个是作用的时间。作用的面积直接跟装置的体积以及它的结构复杂程度（即风道）有关。作用的时间跟风压和气体流速有关，流速快，会使得作用时间变短；但流速过慢，也会造成装置清除二氧化碳的速度跟不上需要。所以，对风机风压流量的选择、对气流通道各参数的选取，都应综合考虑权衡，以得到比较好的效果。

图3.21为两种供氧装置的实物，其工作原理框图如图3.22所示。

图3.21　载人潜水器供氧装置实物

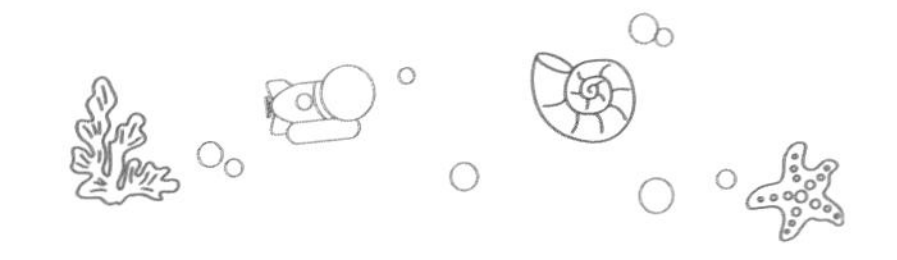

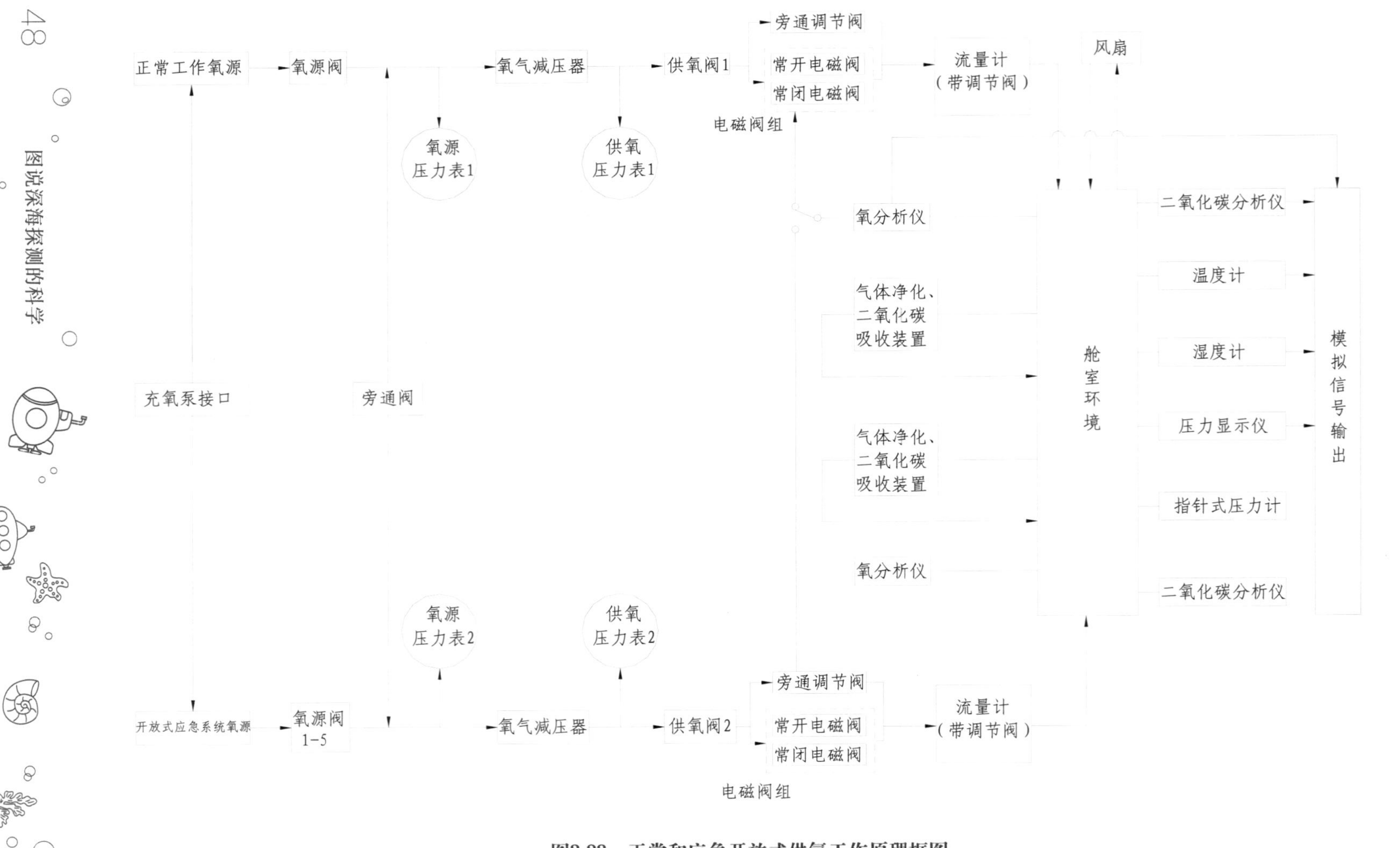

图3.22　正常和应急开放式供氧工作原理框图

3.4 中国载人深潜——蛟龙探海

3.4.1 “蛟龙号”的诞生

中国从2002年就开始了大深度载人潜水器的研发工作，2009—2012年，接连取得1000m级、3000m级、5000m级和7000m级海试成功。2012年6月，在马里亚纳海沟创造了下潜7062m的中国载人深潜纪录，也是当时世界同类作业型潜水器最大下潜深度纪录，打破了Shinkai6500创下的作业型载人潜水器的纪录。“蛟龙号”载人潜水器（图3.23）使我国载人潜水器下潜深度从最初的百余米到成功下潜7000m，一举实现了我国载人深潜事业的跨越式发展，这是从0到1的迈进，极大地提升了我国自主研发重大深海装备的民族自信心。随后，4500m级国产载人潜水器“深海勇士号”、全海深载人潜水器“奋斗者号”相继研制成功，中华民族挺进深海的巨幕徐徐拉开。蛟龙探海的故事开始在碧波万顷的深海大洋上尽情书写……

图3.23 “蛟龙号”载人潜水器

3.4.2 “蛟龙号”技术特色

“蛟龙号”长8.2 m、高3.4 m、宽3.0 m，空中质量22 t，设计最大下潜深度为7000 m，工作范围可覆盖全球海洋区域的99.8%。它具备高速水声通信

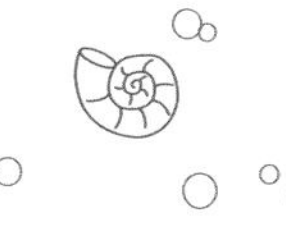

功能，可以轻松地将在海底拍摄的高清图片传送到水面母船上；具备高精度的悬停定位功能，可以像直升机一样，悬停在海底火山喷口附近观察研究；还可以像无人驾驶汽车一样，距离海底一定高度，按照设计路线自动潜航；具有两个七功能机械手，可以像人类的手臂一样灵活地操作工具；可容纳乘员3人，水下生命支持能力为72小时。“蛟龙号”称得上是世界上极为先进的载人潜水器，其系统构成概念图如图3.24所示。“蛟龙号”载人潜水器研制和海试成功，标志着中国系统地掌握了大深度载人潜水器设计、建造和试验技术，实现了从跟踪模仿向自主集成、自主创新的转变，跻身世界载人深潜先进国家行列。“蛟龙号”主要技术指标（和“阿尔文号”对比）见表3-1。

表3-1　“蛟龙号”载人潜水器主要技术指标

技术指标	“阿尔文号”	“蛟龙号”
最大工作深度/m	4500	7000
主尺度（长×宽×高）/m	7×2.6×3.7	8.2×3×3.4
载人球壳材料	钛合金	钛合金
载人球壳尺寸	内径2.1m，最小壁厚7.4cm	内径2.1m，最小壁厚7.8cm
观察窗/个	5	3
空气中质量/t	20.4	22
有效载荷/kg	205	220
动力源/kW · h	110	110
航速/kn	2/最大；0.5/巡航	2.5/最大；1/巡航
载员/人	3	3
生命支持时间	3人×72小时	3人×12小时（正常）； 3人×60小时（应急）
水下工作时间/h	8~10	12
推进系统	3个主推可回转导管桨； 2个垂推导管桨； 1个侧推槽道桨。 具有六自由度机动能力	4个主推导管桨； 2个垂推可回转导管桨； 1个侧推槽道桨。 具有六自由度机动能力
作业系统	2只，最大举力68kg	七功能主从式机械手（全伸长举力55kg）； 七功能开关式机械手（全伸长举力75kg）
支持母船	R/V Atlantis	“深海一号”

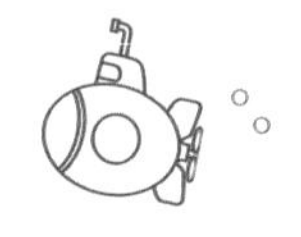
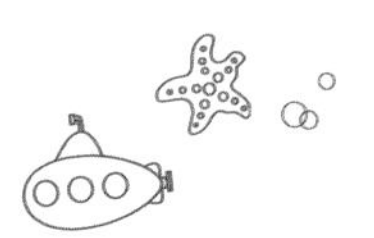

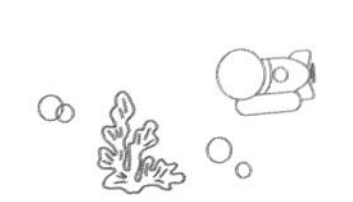

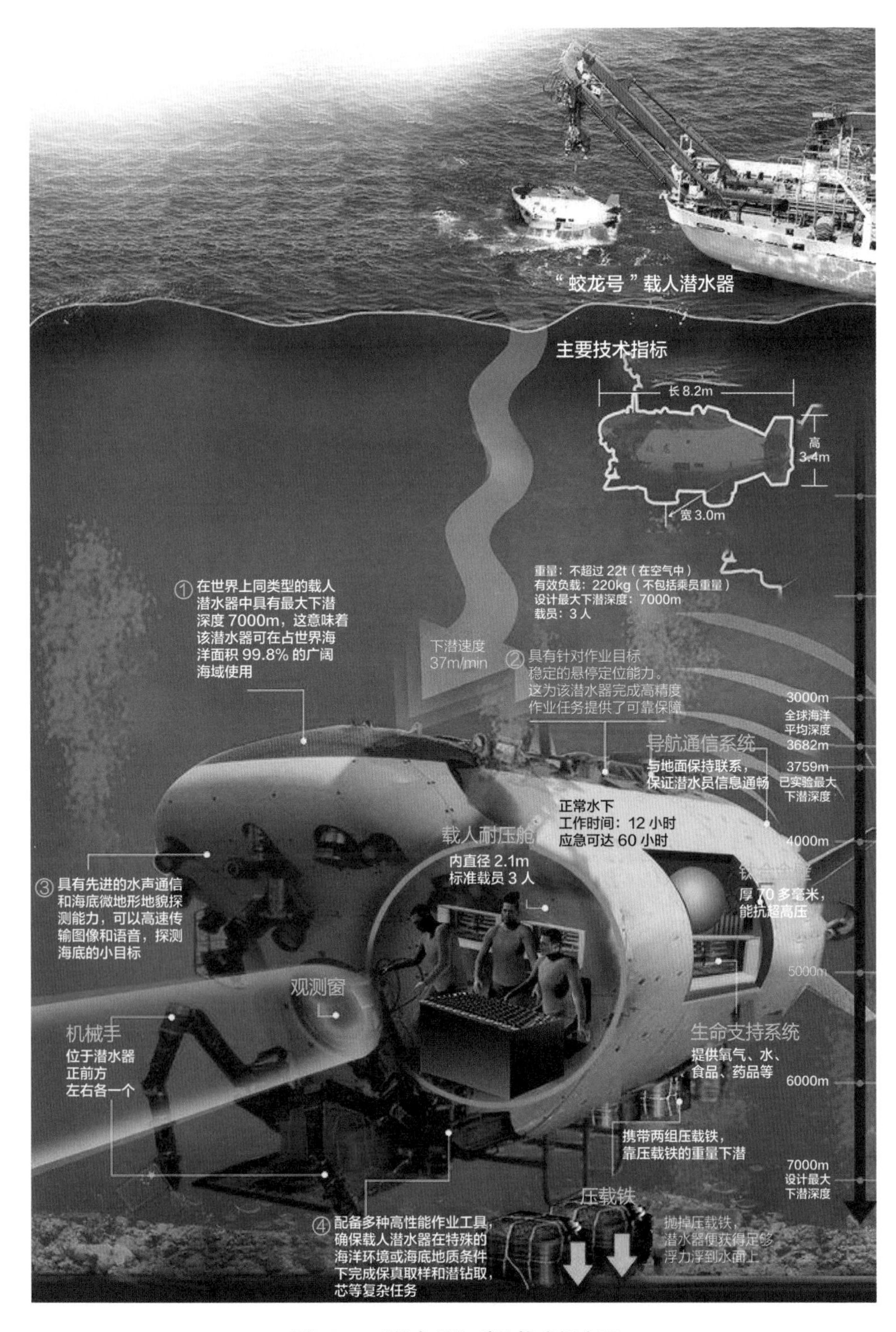

图3.24 “蛟龙号”系统构成概念图

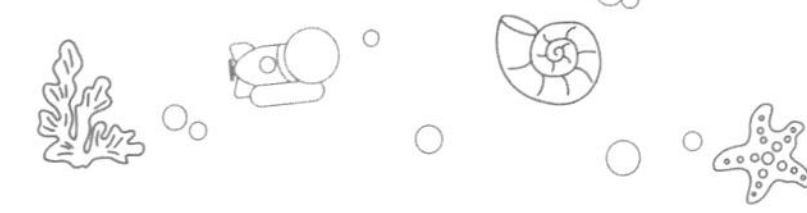

深海潜水器体现了一个国家的综合技术力量，是海洋技术开发的前沿与制高点。“蛟龙号”载人潜水器主要技术优势可概括为“五大特征”和“三大尖端技术”。

五大特征主要包括：一是在世界上同类型中具有最大下潜深度7000m，意味着“蛟龙号”可在占世界海洋面积99.8%的广阔海域作业；二是具有针对作业目标稳定的悬停，为完成高精度作业任务提供了可靠保障；三是具有先进的水声通信能力，可以高速传输图像和语音，方便母船及时获得“蛟龙号”水下信息；四是配备多种高性能水下作业工具，确保载人潜水器在极端复杂的海洋环境下完成多种作业任务；五是高分辨率测深侧扫声呐，能够同时获得海底的三维地形图和二维侧扫图，使其具备了探测海底和水中小目标的能力。

三大尖端技术主要包括：近底自动航行和悬停定位、高速水声通信、充油银锌蓄电池系统。

（1）自动航行和悬停定位技术

“蛟龙号”载人潜水器除了可以实现手动操作外，还可以实现三种自动航行：自动定向航行、自动定高航行和自动定深航行。自动定向航行，潜航员可以设定潜水器航行方向使“蛟龙号”自动航行；自动定高航行，潜水器可与海底保持一定高度，轻而易举地在复杂环境中航行，避免出现碰撞；自动定深航行，“蛟龙号”可以保持与海面固定的距离。悬停定位技术可以使“蛟龙号”在不坐底作业的情况下与目标保持固定的距离，方便机械手进行操作，这是目前国际领先的尖端技术，如图3.25所示。

图3.25　“蛟龙号”在充满泥沙的深海海底自动悬停取样

（2）**高速水声通信技术**

高速水声通信技术使载人潜水器与水面支持母船之间建立实时通信联系。通过它，母船向载人潜水器发出指令，载人潜水器向母船传输各种数据、语音和图像，包括彩色电视图像和声学图像。“蛟龙号”的水声通信系统由两套系统构成：水声通信机和水声电话。二者相互配合，互为备份，保障潜水器与母船的水声通信联系。与国外载人潜水器的水声通信系统相比，其功能和性能都是首屈一指的。

（3）**充油银锌蓄电池系统**

“蛟龙号”载人潜水器一次下潜要在水下连续停留十几个小时，还要不停地运动和作业，但又不能携带太重的燃料，因此能源供给是个大难题。“蛟龙号”搭载了完全由我国自主研发的大容量充油银锌蓄电池，电池容量超过110kW · h，这也是目前国际上潜水器最大容量的电池之一，确保“蛟龙号”可以有更长的水下工作时间，并支持更多探测和取样作业。

“蛟龙号”载人潜水器可以运载科学家和工程技术人员进入深海，在海山、海盆和海底热液喷口等复杂海底进行机动、悬停、正确就位和定点坐坡，有效执行海洋地质、海洋地球物理、海洋地球化学、海洋地球环境和海洋生物等科学考察，如图3.26和图3.27所示。

图3.26 “蛟龙号”在南海冷泉区观察到的神秘冷泉贻贝——瓷蟹生物群落

图3.27 “蛟龙号”在深海热液区观察到的神秘热液生物群落

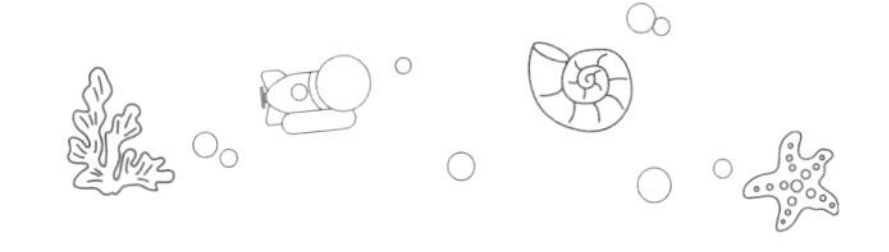

人类探索神秘世界离不开眼睛和耳朵，“蛟龙号”的观通系统就是“蛟龙号”的眼睛和耳朵。“蛟龙号”的观通系统包括水下照明设备，主要由5盏60W LED灯、8盏250W LED灯阵、6盏400W HMI灯组成；还有摄像设备，主要由2台1080i高清摄像机、1台高清照相机、3台标清摄像机、1台微光摄像机、2台两自由度云台组成，如图3.28所示。高清视频和五路标清视频通过两路光纤传输到舱内，在载人舱内进行数据融合、存储显示。除了有照明和摄像设备，“蛟龙号”还安装有7只避碰声呐，保障“蛟龙号”在复杂环境下避障。

图3.28 “蛟龙号”的观察窗以及头顶安装的灯光和摄像设备

“蛟龙号”载人潜水器的技术优势是可搭载科学家亲临深海海底，近距离观察海底各种神奇科学现象，操作各种作业工具进行取样和探测研究。“蛟龙号”具备深海探矿、海底高精度地形测量、可疑物探测与捕获、深海生物考察等功能，科学家可以亲临海底开展多金属结核、富钴结壳及多金属硫化物等矿产资源勘查研究，可对海底奇怪的地形地貌进行精细测量；“蛟龙号”可以搭载各种各样的物理、化学传感器，类似昆虫的触手，科学家可以亲临海底对海水中的碳、氮、磷，以及活动热液喷口——海底黑烟囱的温度、气体进行现场探测，还可以通过搭载自主研发的微型钻机钻进岩石进行探测，如图3.29所示。当然，“蛟龙号”还可定点获取岩石样品、水样、沉积物样品、个别生物样，带回到母船进行科学研究。

图3.29 “蛟龙号”搭载微型钻机在深海海底钻探

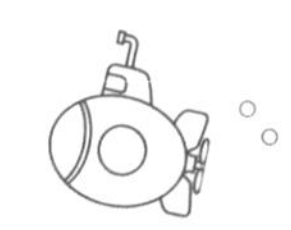
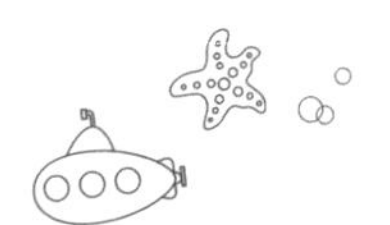

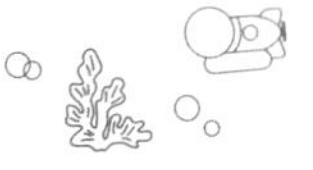

3.4.3 蛟龙探海

（1）可燃冰区的繁华世界

“蛟龙号”在2013年执行大洋31航次，6月17日至20日是满足下潜作业要求的连续时间窗口，“蛟龙号”充分利用这一有利条件，连续成功完成第53~56潜次下潜作业，刷新了“蛟龙号”潜水器连续下潜纪录，首次搭载科学家实现下潜作业。不仅观测到了非常奇特的深海地质现象，拍摄了大量高清视像资料，而且取得了珍贵的冷泉区生物和地质样品、精细的地形地貌数据、大量高清视像资料，成果丰硕，体现了“蛟龙号”潜水器独有的技术优势，为我国冷泉区科学研究提供了其他装备无法获取的样品、数据和观测资料。

（2）万米深渊（马里亚纳海沟）的麻坑

“向阳红09号”科考船于2016年6月2日从厦门起航，6月10日到达马里亚纳海沟作业区，随即开展潜次作业和常规调查，至7月2日完成了航段规定的所有任务，7月13日停靠厦门，历时42天，总航时1006小时以上，航行5371海里（约9947km）。在距关岛西南约200 km的马里亚纳海沟西南部“挑战者”深渊，获得了马里亚纳海沟“挑战者”深渊底层水体基本环境特征，揭示了深渊水平环流结构及其时空变化和动力机制；掌握了深渊沉积物、铁锰氧化物、岩石的矿物学与地球化学特征，阐明了深渊底部物质来源与地质活动规律；明确了深渊底部微生物与大生物群落结构的空间演替规律，揭示了深渊底部生命演化与适应性机制；首次在马里亚纳海沟“挑战者”深渊南坡发现了活动的泥火山，初步认识了马里亚纳海沟南、北坡生态系统的基本特征，如图3.30所示。

图3.30 “蛟龙号”在马里亚纳海沟观察发现的泥火山活动遗迹“麻坑”

（3）海山上茂密的森林

“蛟龙号”试验性应用期间，在执行中国大洋35航次时，出于深海生态环境保护需要，进行了一系列的深海生态载人深潜科学考察活动。在我国的多金属结壳勘查研究区——西太平洋海山区发现了大型的深海冷水珊瑚生物群落，如图3.31所示。深海，由于其具有的黑暗、高压、低温等极端特殊性，尤其远离大陆，属于寡营养区，生物量极其稀疏，大型深海生物群落就如同一个茂密的森林，其食物来源和生长机制仍然需要深入研究。

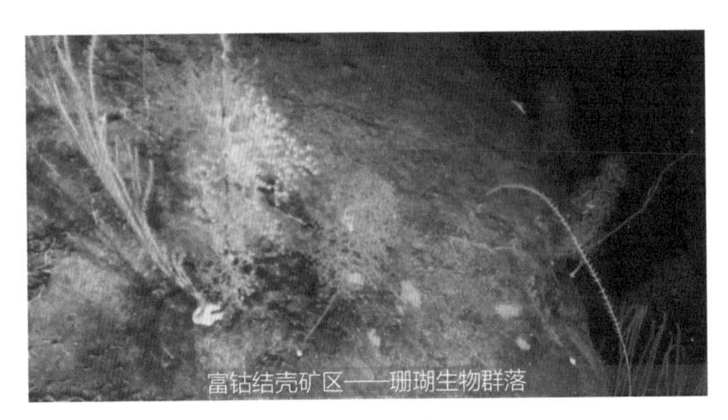

图3.31　珊瑚生物群落

除了冷水珊瑚生物群落，“蛟龙号”还同时发现了海山上的深海冷水海绵生物群落以及热液区海葵生物群落，如图3.32和图3.33所示。

图3.32　深海冷水海绵生物群落

图3.33　热液区海葵生物群落

（4）深海大洋舞动的精灵

海洋是生命的起源，拥有人类尚未认知的成千上万的生物，尤其深海，大

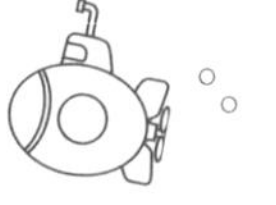
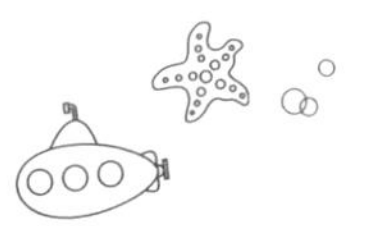

量神奇的生物在自由自在地生活。和陆地上的人类一样，它们才是幽深的海洋里真正的主人。海洋是人类命运的共同体，人与自然要和谐共生，需要我们倍加珍惜海洋给人类提供的食物、矿产和能源等，要像爱护自己的眼睛一样爱护海洋，爱护海洋里的生命。“蛟龙号”载人潜水器的研制和应用为人类提供了认识海洋生命、呵护海洋生命的利器。

在“蛟龙号”试验性应用的几年里，我们观察到了大量的大型深海神奇生物，这些生物几乎都是第一次出现在人类面前，是一次深海生物与人类的神奇邂逅。载人潜水器作为唯一可以搭载人类进入深海的平台，可带领人类悄悄地进入神秘的深海世界，静静地观察这些深海生灵，如图3.34所示。

我们可以很自信地说，在进入深海、探测深海、开发深海的历史进程中，中国人一定会与深海生命一起谱写和谐华美的篇章。

图3.34

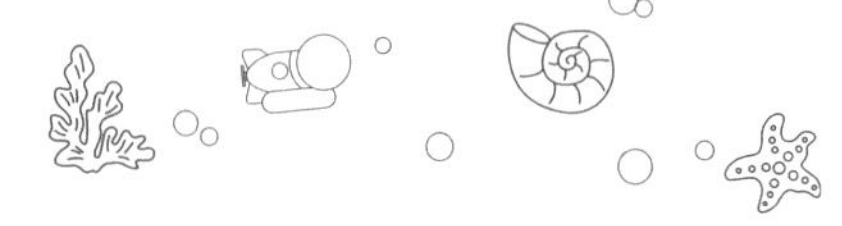

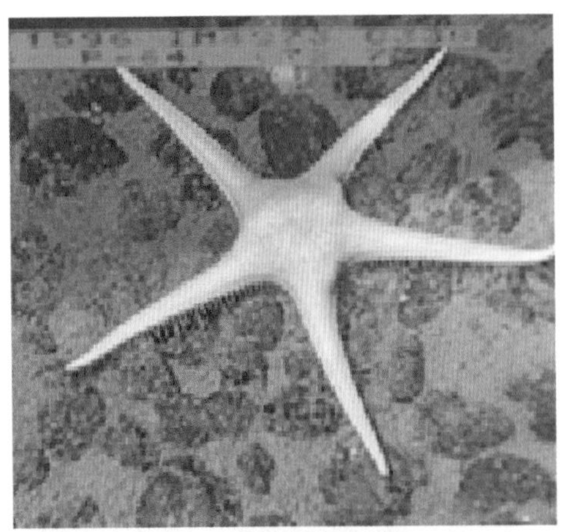
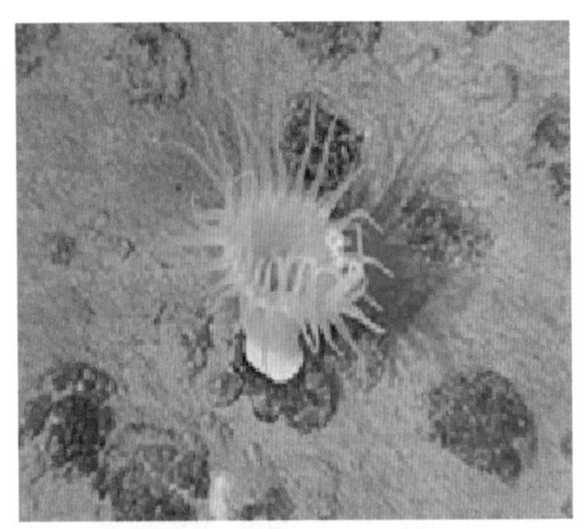

图3.34　载人潜水器观察到的深海海底游泳生物

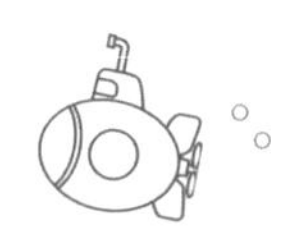

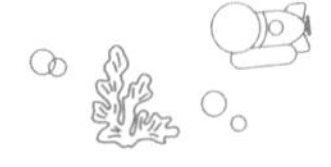

第4章

深海无人遥控潜水器（ROV）

无人遥控潜水器（Remote Operated Vehicle，ROV）是继载人潜水器后，随着现代科学技术的快速发展而诞生的潜水器，一般拥有一个或者两个机械臂，能潜入水中代替人完成某些操作，其功能和结构更类似于工业生产流水线上的机器人，也称遥控水下机器人。它的工作方式是由水面母船上的工作人员，通过连接潜水器的脐带电缆提供动力，操纵或控制潜水器，通过水下电视、声呐等专用设备进行观察，还能通过机械臂进行水下作业。水下环境恶劣危险，人的潜水深度有限，所以水下机器人已成为深海探测的重要工具。时至今日，又衍生出了一系列形态各异、功能多样的深潜器。全世界ROV的型号在270种以上，超过400家厂商提供各种ROV整机、零部件以及ROV服务。小型ROV的质量仅几千克，大型ROV的质量超过20t，其作业深度可达10000m以上。

4.1 深海探测ROV的类别

4.1.1 世界上第一台深海探测ROV

ROV是最早得到开发和应用的无人潜水器，其研制始于20世纪50年代。1960年，美国研制成功了世界上第一台ROV——“CURV-1”。1966年，它与载人潜水器配合，在西班牙外海找到了一颗失落在海底的氢弹，引起了极大的轰动。从此，ROV技术开始引起人们的重视。由于军事及海洋工程的需要及电子、计算机、材料等高新技术的发展，20世纪70年代至80年代，ROV的研发获得迅猛发展，ROV产业开始形成，如图4.1所示。

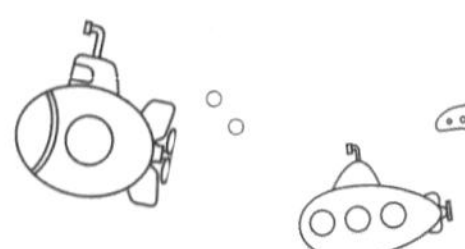

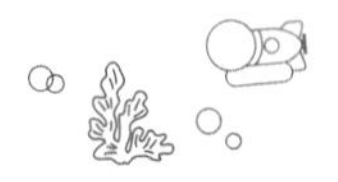

CURV-1 水下 ROV

CURV-2 水下 ROV

CURV-3 水下 ROV

图4.1 CURV系列ROV

4.1.2 深海科考领域的ROV标兵

（1）“Jason号”

“Jason号”是由美国伍兹霍尔海洋研究所（WHOI）的深潜实验室设计和建造的ROV系统，主要用于科学家对海底的观测。“Jason号”含有双体远程操作系统。一根10km长的电缆通过“Medea”将电力和操作命令传递给“Jason号”，同时能将采集到的数据和实时摄像画面反馈给母船。“Medea”充当减振器，减轻“Jason号”在水面上的运动，同时，提供照明和对“Jason号”的监视。“Jason号”配有声呐、高清摄像和静态成像系统、照明（16个LED灯）和不计其数的采样系统。“Jason号”ROV如图4.2所示。

图4.2 “Jason号”ROV

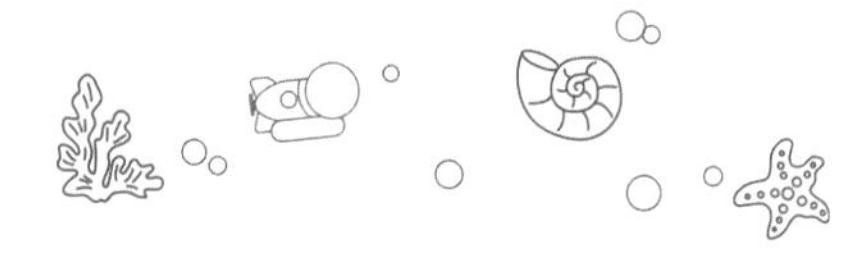

"Jason号"首次下潜是在1988年，它曾数百次下潜至太平洋、大西洋和印度洋，调研热液喷口。

（2）"海神号"（Nereus）

美国伍兹霍尔海洋研究所于2007年成功研发了"海神号"（Nereus）混合型潜水器（HROV），如图4.3所示，其最大工作水深为11000m，具有AUV和ROV两种模式。该系统于2009年5月31日成功下潜到马里亚纳海沟10902m水深，是世界上第三套工作水深达到11000m的潜水器系统。该项技术成功结合了AUV和ROV的技术特长，弥补了AUV系统无法定点观测作业而ROV系统开发运行成本高的不足，已成为国际无人潜水器技术发展的一个重要方向。2014年5月，"海神号"在新西兰东北的克马德克海沟9990m（约6.2英里）的深度丢失。

图4.3 "海神号"HROV

4.1.3 现代快速数字成像ROV

美国Deep Ocean公司在2017年采用快速ROV进行了第一次快速数字成像（FDI）巡检，从那时起，快速ROV的引入大大提高了管道巡检的平均速度。2018年，快速通用视觉检测（FGVI）的平均速度是4km/h，几乎是采用普通工作级ROV及逆行FGVI的2倍，是传统一般视觉检查（GVI）的4倍。到了2018年，FDI的速度甚至更高，达到了5km/h。该公司开发的ROV（图4.4）可在6kn航速下进行声学调查，在3kn航速下进行管道检查，最大潜深3000m，具有良好的水动力学性能和稳性以及自动定位能力。

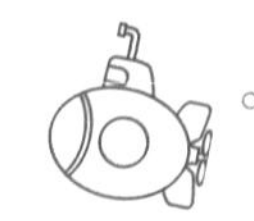

4.1.4 超大型ROV

世界上最大型的ROV系统当属美国Deep Ocean公司的UT-1 TRENCHER系统，如图4.5所示。它是一套喷冲式海底管道挖沟埋设系统，主体部分尺寸为7.8m × 7.8m × 5.6m，重60t，最大作业水深为1500m，最大功率为2MW，造价1000万欧元，可以在1500m深的坚硬海床上打出1m宽、2.5m深的壕沟，并铺设电缆。

图4.4 SUPERIOR ROV

图4.5 UT-1 TRENCHER系统概念图

4.1.5 冰下ROV

WHOI的工程师设计了一款可以在冰下进行工作的HROV——Nereid Under Ice（NUI），如图4.6所示。其可以在水下横向行驶长达40km，远超典型ROV的几公里，同时仍然可以通过光纤接收控制信号并将数据（包括高清视频）传输回母船。 NUI不像传统的ROV那样从脐带电缆获得动力，而是携带自己的电池电源，这使得系绳更轻更小。此外，它还带有一整套用于调查水下环境的声学、化学和生物传感器，以及一个七功能电液操纵臂。

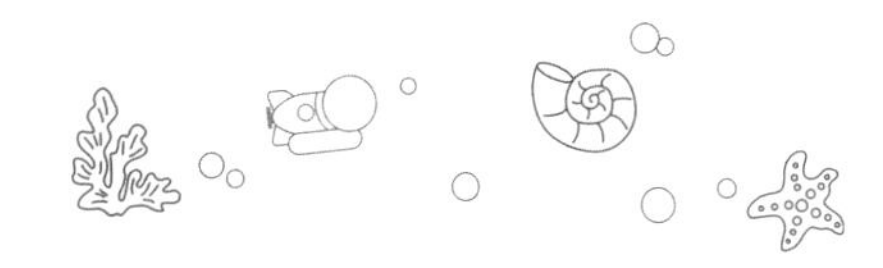

图4.6　NUI在2014年试航布放

4.1.6　首台万米ROV——“海沟号”

图4.7　“海沟号”ROV

1988年，日本海洋科技中心因配合“深海6500号”载人潜水器进行深海调查作业的需要，建造了万米级无人遥控潜水器“海沟号”。“海沟号”长3m，重5.4t，耗资1500万美元，如图4.7所示。它是遥控式水下机器人，装备有复杂的摄像机、声呐和一对采集海底样品的机械手，并携带着可用来制造新药的一些新细菌的样本。“海沟号”潜水器由工作母船进行控制操作，可以进行较长时间的深海调查。

“海沟号”建成以后开始进行下潜试验，从1000m水深的纪伊水道开始逐步向深海迈进。1994年3月，其开始挑战马里亚纳海沟，克服了浮力材料、液压系统、信号系统等部位出现的各类问题以后，1995年3月24日，由“横须贺号”载人潜水母船搭载的“海沟号”成功潜入了10911.4m深的海底，创造了新的世界纪录。“海沟号”还进行了试样采集及拍摄等考察活动，并用机械手将一块书有“海沟”字样的纪念碑竖立在海底。后来，“海沟号”又多次潜入

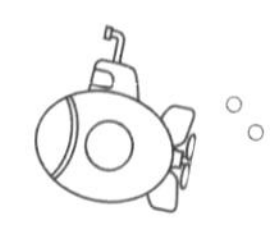

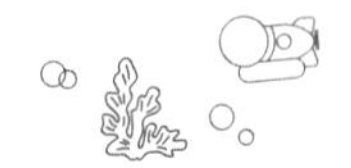

马里亚纳海沟。1996年，“海沟号”第一次在万米深海处发现了海底细菌。

2003年5月，“海沟号”在日本海域进行海底调查作业时失踪。它的失踪给日本的深海研究工作造成巨大损失，而失踪的原因至今仍然是不解之谜。

4.1.7 异形ROV——蛇形水下机器人

挪威科技大学、Eelume公司和康士伯海事合作研发了蛇形水下机器人Eelume，其灵活的形状改变能力允许机体本身充当机器人手臂，如图4.8所示。与现有的ROV相比，Eelume灵活的主体和狭窄的横截面拥有显著的优势，包括在现有ROV因太大而无法进入的海底结构受限位置执行维护和修理操作的能力。在检查和作业期间，机器人可以通过沿柔性体安装的侧向和垂直推进器悬停。

图4.8 Eelume

4.2 ROV的系统组成与核心技术

4.2.1 ROV系统组成

ROV一般是由水面控制系统、脐带电缆和水下系统（ROV本体）三部分组成，如图4.9所示。

（1）水面控制系统

水面控制系统大多位于水面母船甲板上一集装箱内（方便运输），可观察视频图像和声呐图像、记录数据、操作ROV及其他仪器。

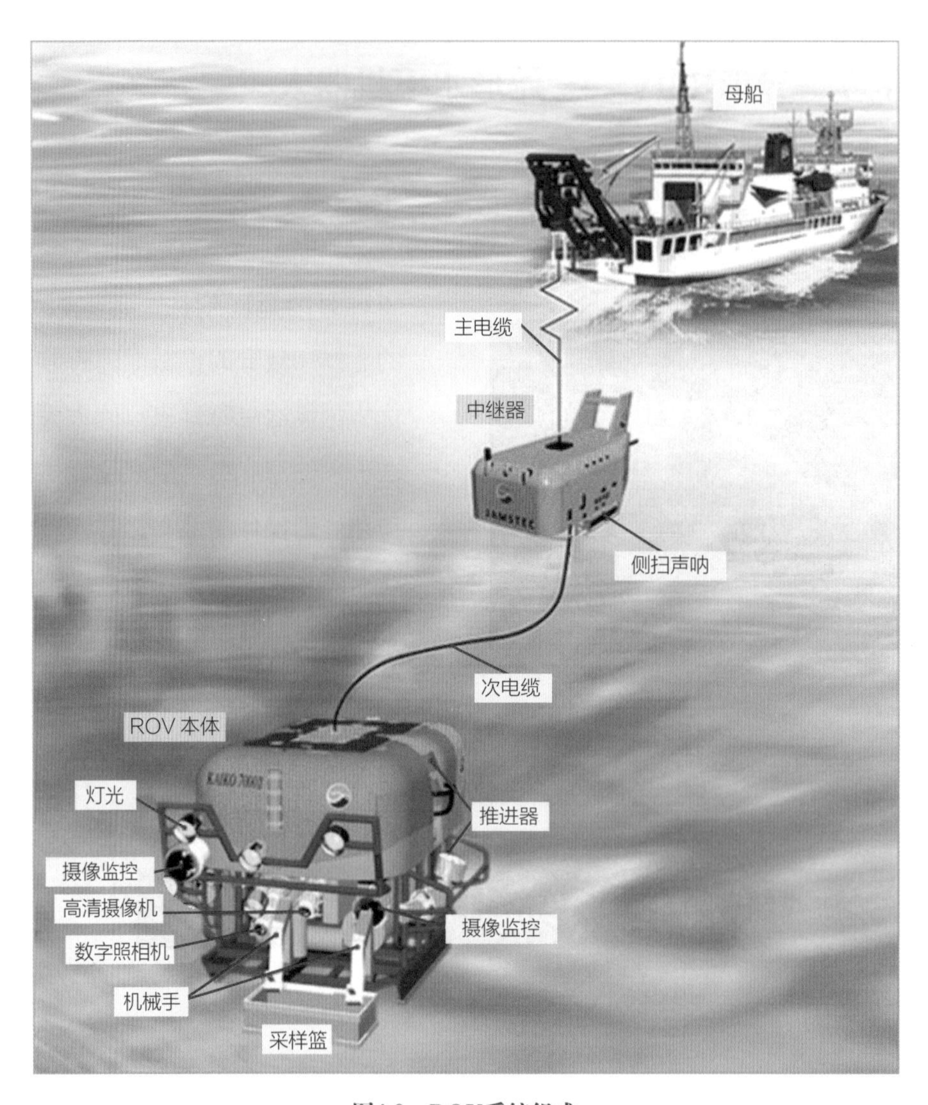

图4.9　ROV系统组成

（2）脐带电缆与中继器

脐带电缆储存在绞车中，为ROV水下系统提供电力和信息传输。新型升沉补偿绞车可以根据船的升沉收放电缆，减少电缆受到的冲击性张力。部分

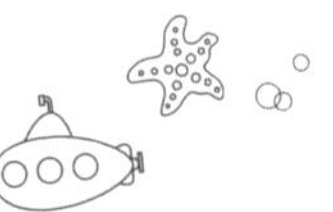

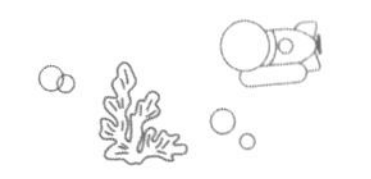

ROV系统还有中继器，用于隔离水面母船升沉运动对ROV本体的影响，并且可以对副电缆进行管理。当ROV开始下潜准备作业时，中继器可以和ROV本体一起吊放至作业深度，之后中继器放出ROV本体，开始作业。ROV本体借助中继器的重力下潜，既节省了能量，也提升了下潜的速度。

（3）ROV本体

ROV本体（水下系统）如图4.10所示，包括密封耐压壳体、运动控制系统、观测和照明系统、作业系统，以及传感器、通信、控制系统。

ROV本体工作在恶劣的海洋环境中，海水不仅会对电子系统造成腐蚀，而且深水水压极大。因此，耐压壳体是保证ROV本体稳定、持久工作的基础。

运动控制系统指水下推进器，水面人员通过控制推进器实现ROV本体在水下前进后退、上浮下潜、横移、纵摇、横摇、水平旋转，实现六个自由度的运动。ROV本体观测和照明系统，同时拥有拍照和摄影装置，当海底光线不足时还可以打开特制的照明灯。

图4.10　ROV本体

①作业系统。作业系统主要指机械手。ROV左手功能往往简单，但力量较大，主要用于抓住物体；右手灵活、作业精度高，一般有5~7个“关节”。

②传感器、通信、控制系统。传感器系统包括深度传感器、电子罗盘和温

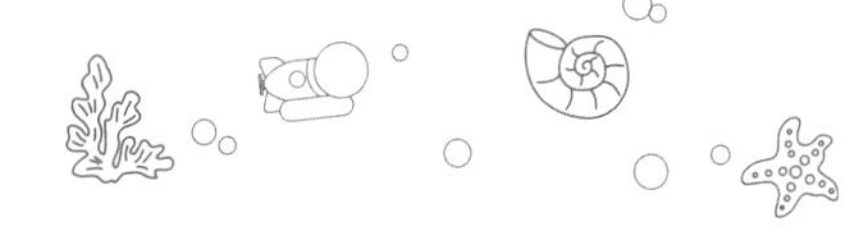

度传感器等；通信系统是ROV与水面控制台进行信息交互的桥梁；控制系统是ROV的核心部分，由各种复杂精密的仪器构成。

4.2.2 ROV核心技术

（1）新型推进器——无毂式深海推进器

1940年，在德国Ludwig Kort申请的专利中首次提出了一种轮缘驱动推进器的概念，就是转子围着螺旋桨布置在一个圆环内，定子线圈布置在推进器导管内。如图4.11所示。

1963年，在F. R. Haselton提出的专利（图4.12）中，螺旋桨设计在中心轴的外部，并能够调整方向，从而为潜水器提供六自由度的动力。该专利实现了无轴推进器的设计概念，就是在两组线圈之间设置安装有螺旋桨片的轮缘，而两组线圈可以组成交流电机。

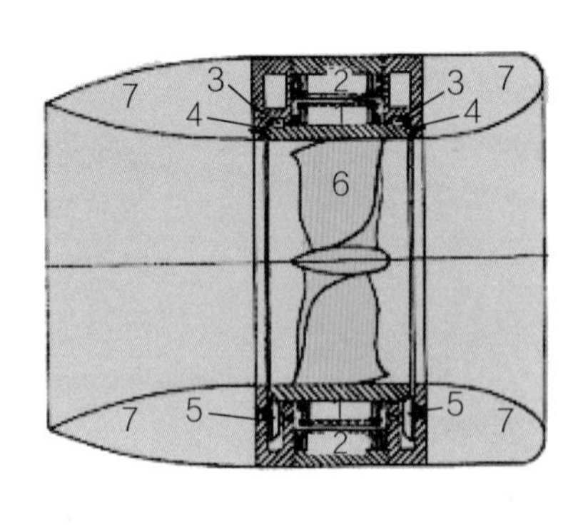

图4.11 轮缘驱动推进器概念（Ludwig Kort专利）

1-转子；2-定子；3,4,5-轴承；6-螺旋桨；7-导管

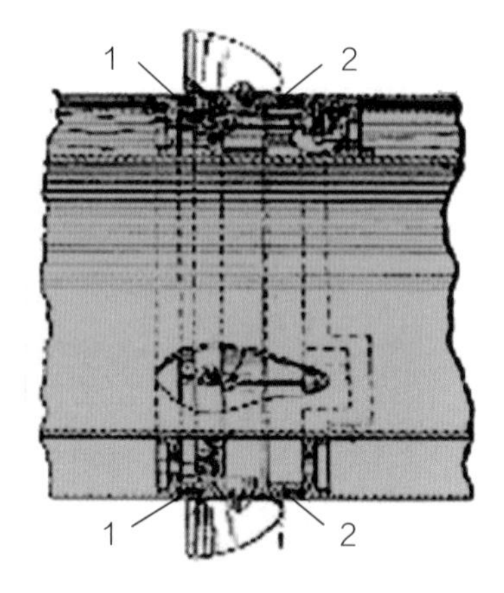

图4.12 轮缘无毂推进器概念（F. R. Haselton专利）

1-螺旋桨；2-线圈

1965年，G. W. Lehmann提出了水下喷射式推进器的概念，如图4.13所示，工作原理为：驱动运载器外部的海水通过一根轴后喷射出去以推动运载器前进，该设计的创新点在于螺旋桨无轴，并且与轮缘驱动推进器相似，在线圈

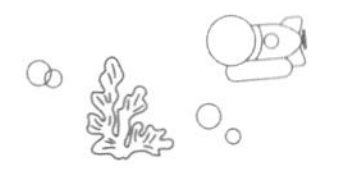

的驱动下实现螺旋桨的旋转。

关于轮缘推进器的另一种概念是由Newport News船舶建造公司和Dry Dock公司提出的Newport推进器概念，如图4.14所示。在该专利中，螺旋桨安装在轮毂中，并可以从转子中拿出，两个定子安装在转子两侧。该设计的优点是，可控制的电磁力能够抵消推力并减小由结构振动引起的推力磁振。该推进器可以使用感应电机或PM电机作为驱动部件。

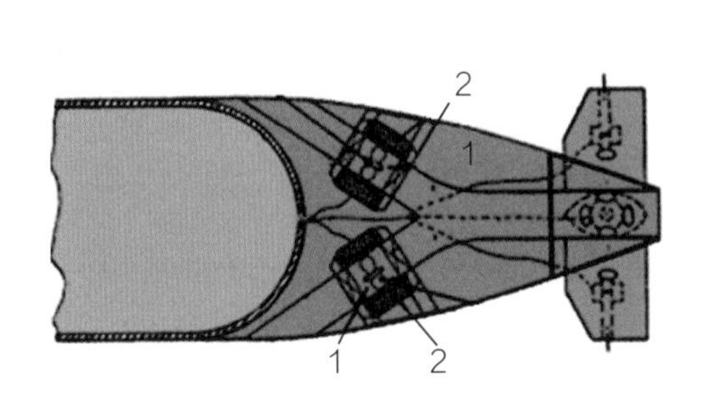

图4.13 水下喷射式推进器概念（G. W. Lehmann专利）概念

1-螺旋桨；2-线圈

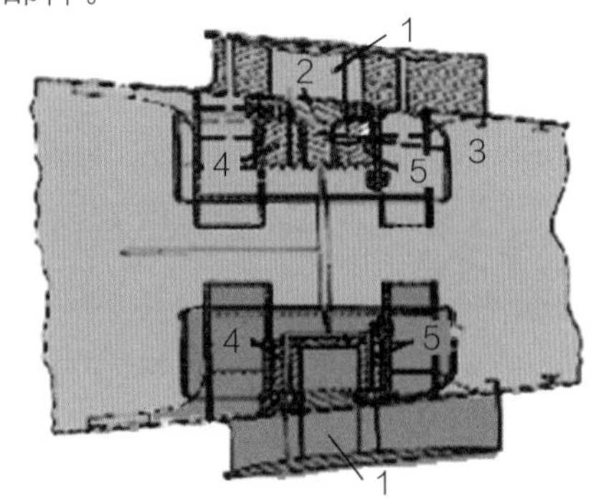

图4.14 Newport推进器概念

1-螺旋桨；2-轮毂；3-转子；4，5-定子

由Westinghouse研制的一种感应电机式推进器如图4.15所示，一种特殊的转子安装在螺旋桨边缘，转子螺旋桨由密封轴承支撑，电机的轴和定子固定在轮缘内，整个定子装配密封在一个充油的金属腔体内，转子线圈由黑色的环氧树脂涂料覆盖以确保防水。该电机为3相16极，额定功率7.5kW，额定转速2906r/min，驱动电压200V，具有48个定子沟槽和72个转子沟槽，外径394mm。

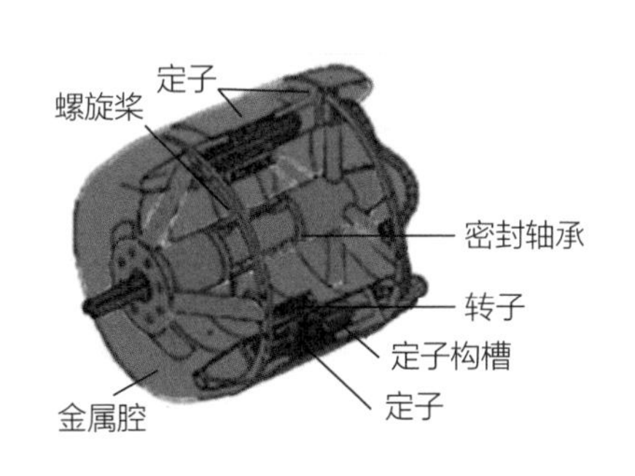

图4.15 Westinghouse推进器

以上轮缘电机或推进器大都停留在设计概念，即使有个别应用的也都基于感应电机。随着永磁技术的发展和成熟，一种集成轮缘驱动和永磁电机的推进器才出现并开始应用在水下运载器中。

Harbour Branch海洋研究所（HBOI）研制了集成轮缘驱动结构且无轮轴

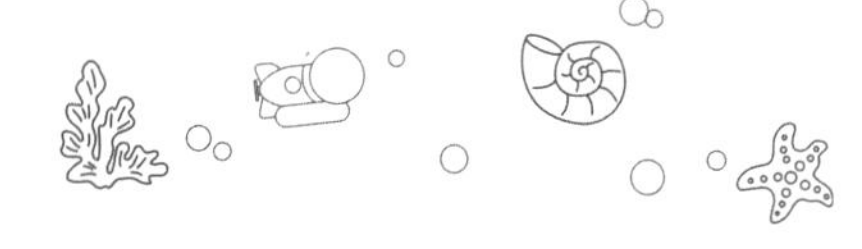

式的永磁推进器，如图4.16所示。该推进器的环形转子安装在螺旋桨的边缘，在定子两端都设置了装满塑料球的槽道，形成推进器中心轴承。推进器定子由环氧树脂液体灌装，输入功率560W，额定电压28V，额定电流20A，外径533mm，能够产生318N的推力。

挪威科技大学（NTNU）研制和测试了一种用于船舶驱动的轮缘式推进器，如图4.17所示，该设计与HBOI推进器很相似，用于支撑螺旋桨-转子的轴承位于转子的边缘。该推进器的螺旋桨直径600mm，在700r/min转速时输出功率100kW，电流150A。

近年来，轮缘驱动式推进器技术不断成熟，越来越多的样机/产品被应用到船舶和水下运载器中。其中，Schilling Sub-Atlantic Alliance在HBOI研制基础上设计出了一种能够在1000r/min转速时输出2000N力的推进器；Rolls-Royce在NTNU研制基础上设计出了应用于近岸船舶的轮缘推进器；英国TSL技术公司在南安普顿大学研制基础上开发出了多款不同功率、可在任意水深工作的轮缘推进器。中国台湾成功大学（NCKU）于2007年在其设计的ROV中，研制了一种轮缘驱动式推进器，如图4.18所示，其驱动电压150V，输出功率825W，额定电流6.4A，额定转速1500r/min，额定转矩5.25N · m。

图4.16　HBOI推进器

图4.17　NTNU推进器

图4.18　NCKU推进器

2010年，德国 Voith 公司、Schottel公司和 荷兰Van der Velden公司分别推出了适用于船舶推进系统的轮缘驱动推进器（EPS推进器），如图4.19所示，将该类推进器的应用推向了新的高度。

德国DFKI-RIC和MARUM联合设计的深海6000m ARV使用了一种轮毂驱动

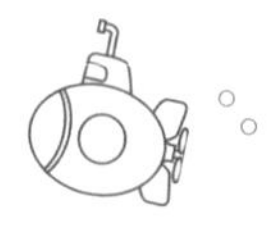

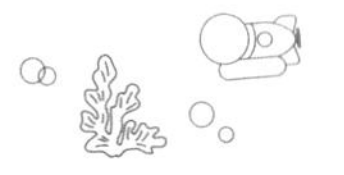

推进器，该推进器由德国ENITECH公司研制，特殊的设计避免了轴承结构，如图4.20所示，对称方式保证推进器能够双向旋转，驱动控制方面有多种电压方式可选择，且在电机内部设置了温度监测单元。具体参数为：工作水深6000m，最大推力160N，功率800W，最大有效功率达89%，最大转速1000r/min。

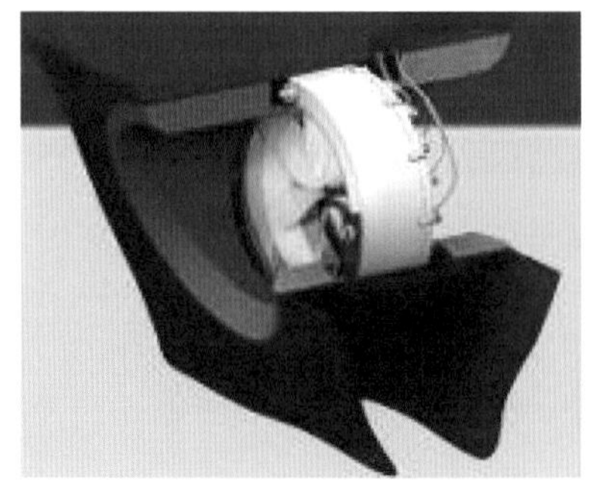

图4.19　EPS推进器

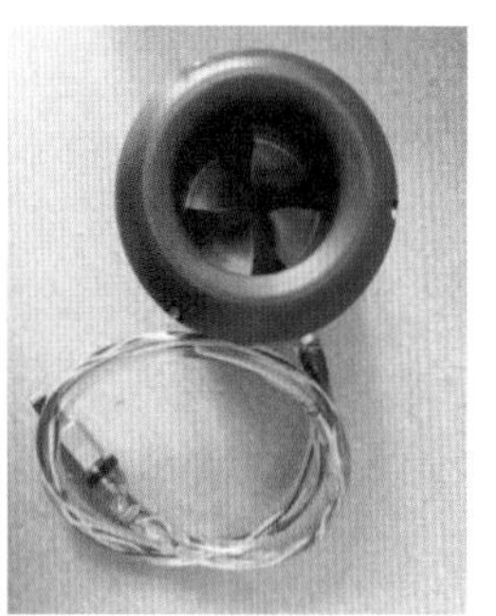

图4.20　轮毂驱动推进器

（2）多自由度机械手及其控制技术

水下机械手的工作对象是空间的自由物体，因此，其抓取必须要有三维空间角坐标的定位动作和三个做不同旋转运动的定向动作，以保证机械手的抓取能以任意轨迹和在任意位置上按所需位姿去接近对象物，这与人手的简化结构模型相同，即把人的手臂看作由连杆构件组成的空间开式运动链，它共有19个活动构件、27个自由度，如图4.21所示。

已有研究者对机械手的构件及运动副做过多种综合研究，提出过上百种设想，在具体确定某一水下机械手的结构时，需要考虑动作范围、驱动方式、控制方法等许多具体问题。表4.1列出了一些国际上具有代表性的潜水器机械手的机构及有关参数，它们是依据水下机器人具体作业任务选定的，自由度数分布顺序不尽相同，对现代ROV机械手研发具有重要的借鉴意义。

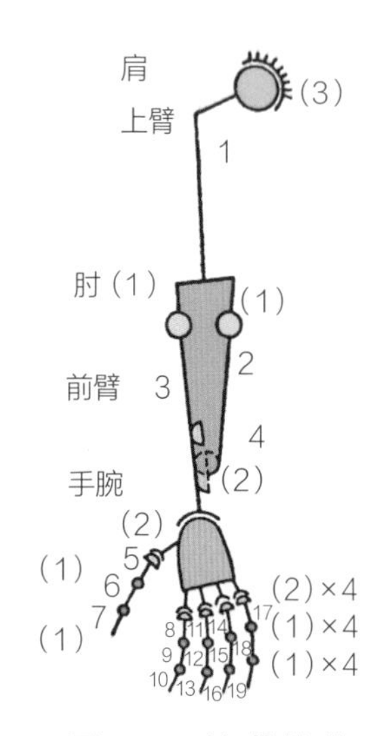

图4.21　手机构模型

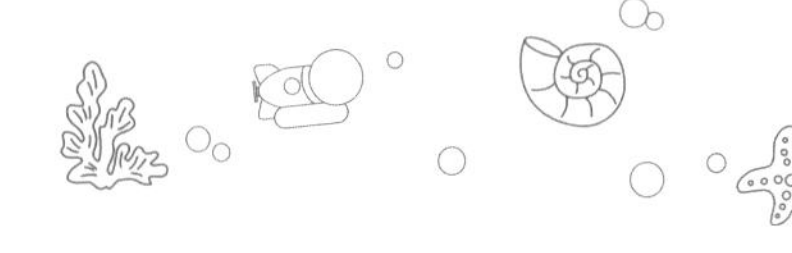

表4.1　代表性潜水器机械手的机构及有关参数

指标 \ 船名		的里雅斯特1	的里雅斯特2	深星20000	阿鲁明纳	多夫布	阿尔文	深星4000	南鱼座2.3	海狸4	星2	西凯	DSRV	海崖、海龟	读卖	白杨	深海2000
潜水器	质量/t	144	220	37	73.5	8.5	13.6	8.1	9.5	12.5	9	90.9	31	21.9	35.3	6.6	27
潜水器	潜深/m	11000	6100	6100	4600	9980	1830	1200	900	600	600	600	1500	1980	300	300	2000
潜水器	有效负荷/t	1.8	9.1	0.45	2.7	0.27	0.63	0.27	0.68	1.6	0.35	3	1.8	0.55	1.05		0.3
潜水器	下水时间	1953.8	1964.1	1971	1964.9	1967.10	1965	1965.8	1968	1968.9	1966.5	1968.5	1969	1968.12	1964.5	1971.4	1981
机械手技术参数	动作原理（自由度）																
机械手技术参数	型式	电动	液压	液压	液压	自 动	电动	液压	液压	液压	液压	电动	液压	液压	液压	液压	液压
机械手技术参数	举力/kgf	23	23	68	991	23	23	16	360	23	68	50	23	45	50	10	20
机械手技术参数	伸距/m		1	1.9	2.75	1.25	1.6	1.1		1.8	2	2.5	2.8		2.5	1.4	1.5
机械手技术参数	自重/kg	50	45		380	90	240	7	68	158	220	325	225		150	100	145
肩	旋转	连续	180°	连续	280°	370°	322°	万向的				355°	270°	270°	+33°	± 30°	150°
肩	弯曲	255°		180°	120°	320°	220°	90°		180°	90°	180°	180°	180°	90°	90°	55°
肩	扭转									90°							
肘	旋转				270°					335°	± 90°			355°			
肘	弯曲	320°	145°	240° 210°		320°	290°				150°	250°	335°		120°	210°	105°
腕	旋转	连续	连续	210°	连续	连续	连续			180°	± 45 °		180°	180°	180°	180°	± 90°
腕	弯曲	330°	80°		180°	328°	333°			180°		180°	180°	180°	60°		220°
腕	伸缩/mm										355						
爪	旋转			180°						360°	± 180°	连续	± 180°	连续			
爪	开度/mm		255		150	190	100		324	100	184	200	150	100	340	100	150
爪	伸缩/mm									75							
图标符号		上下弯曲		左右摆动		万向结合				回转		伸缩			爪的开闭		

目前，大多数ROV使用的全功能操纵器是七功能机械手系统，如图4.22所示。这7个功能分解为6个自由度功能（3个用于方向，3个用于定位）和一端执行器功能。

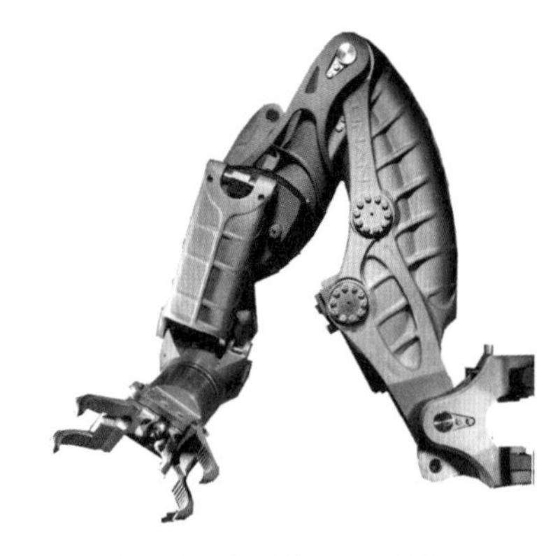

图4.22　七功能机械手系统

几乎所有ROV配备了双操纵系统，有一个开关机械手（抓住对象）和一个灵巧的伺服机械手执行复杂的工作任务。

许多机械手都带有各种末端执行器，可以根据手头的任务进行更换，如图4.23所示的SeaBotix机械手。此外，还有研究者将机械手的棱柱（线性运动）关节和旋转（旋转运动）关节结合起来，以增强其运动范围和“拉入”能力。

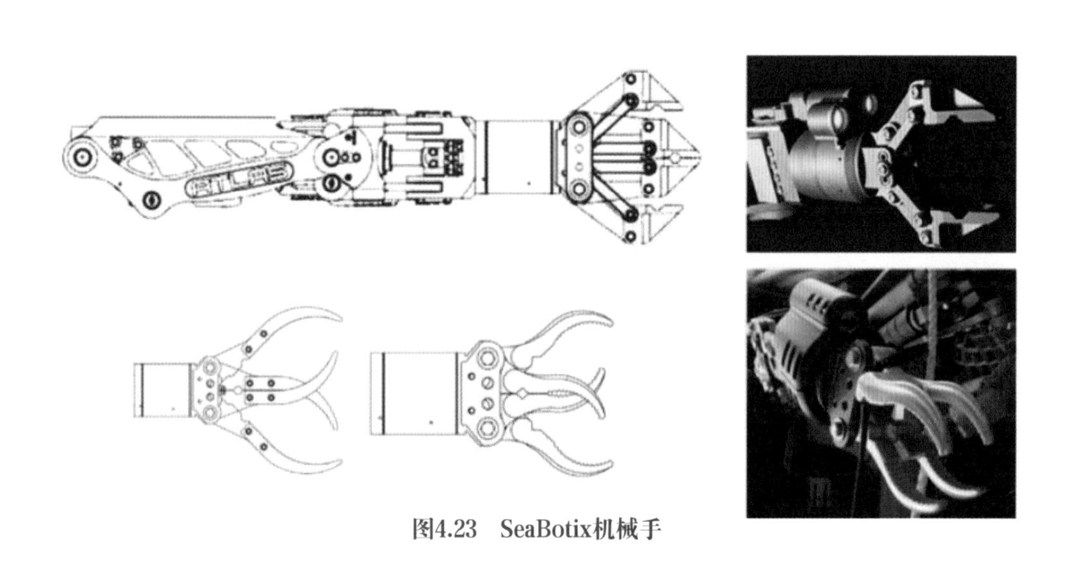

图4.23　SeaBotix机械手

更灵巧的机械手通常有一个手腕旋转功能，允许连续地握具旋转。随着操纵器的复杂度加深，增加了模仿人类手臂的关节，即肩膀、肘部、手腕和手。考虑到这一点，一个基本的七功能操纵器将包括以下内容：肩方位、肩俯仰、肘俯仰、手腕俯仰或前臂旋转、手腕旋转（可能是连续的）、手/爪打开或关闭。四功能和七功能机械手的例子如图4.24所示。

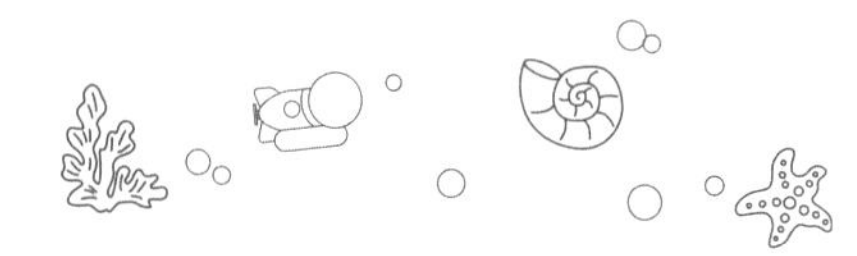

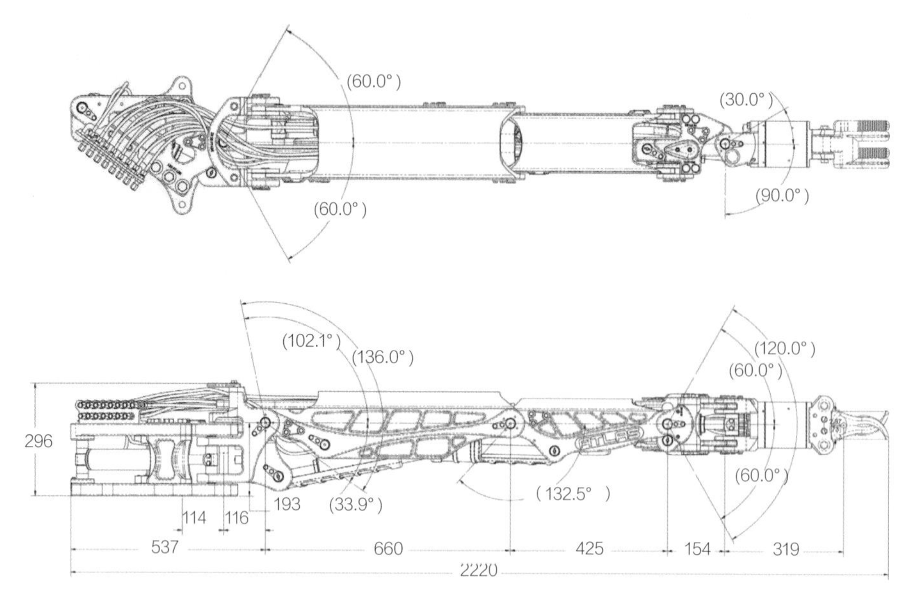

图4.24　四功能和七功能的机械手
图中长度单位为mm

考虑到水下机器人是在一个根本没有查明的无序的介质和复杂的水下环境中工作，所以目前还不能把控制机械手的功能全部交给计算机，即不能把机械手的动作全部编出程序，而必须有人参与控制。主从控制机械手是目前采用较多的操作方法，其原理是把机械手当作从动手，另设一个与从动手自由度配置相同、形状类似、尺寸成一定比例关系的主动手，操作人员直接操纵主动手（图4.25）。当主动手和从动手均处于平衡位置时，位置偏差信号为零，伺服放大器没有输出。当操作人员使主动手偏离某一位置做某种动作时，造成主动手与从动手空间位姿不同，由此产生位置偏差，该偏差信号放大后被输入从动手的驱动器，使从动手做减小这一位置偏差的动作，即从动手随主动手动作，完成所需的操作任务。同时，可使工作对象对从动手的作用力通过力反应系统实时地回授到主动手上，使操作人员对主动手的操作有一种“力感”，好似操作人员直接用手操纵对象一样，因此可以完成较精细的操作（如操纵细小或易碎物品）。

采用主从控制的主要目的在于保护操作人员的健康和人身安全。操作人员可在船上的控制室内操纵主动手来控制水下机械手，完成人类不能在水下直接用手操作的作业，既安全可靠，又提高了人的操作能力。

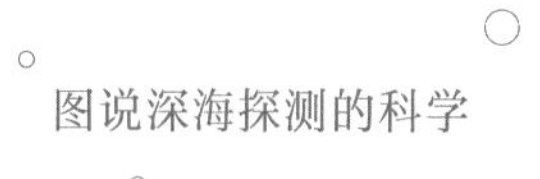
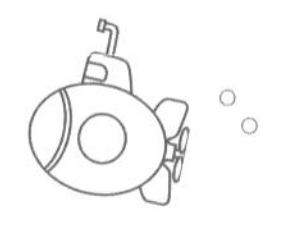

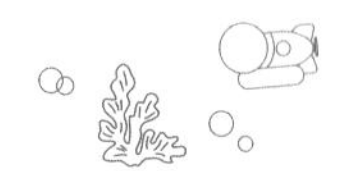

主从控制的水下机械手的控制系统多用双向伺服系统，其控制形态如下。

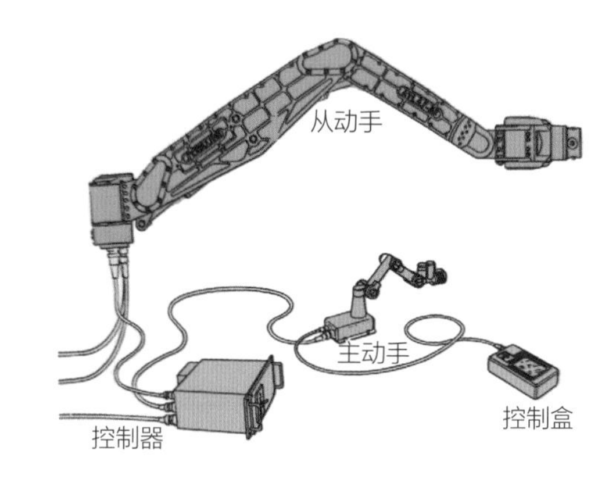

图4.25　主从控制机械手系统

①位置-位置型伺服系统（图4.26）：位置偏差信号$\varepsilon = U_{入} - U_{出}$，使从动伺服传动装置产生一个与$\varepsilon$成比例的输出力矩$M_{出}$，驱动输出轴产生一个力图消除位置偏差的运动$\theta_{出}$。系统中又以同一个$\varepsilon$加以反馈，使主动伺服传动装置产生与$-\varepsilon$成比例的力矩$M_{反}$加到输入轴上形成力反应。反之，输出轴受到外力运动时，主动轴也跟随动作，并在输出轴上产生力矩。传动装置的运动和力均受同一位置偏差信号的控制，因此，称之为位置-位置型双向力反应伺服系统。

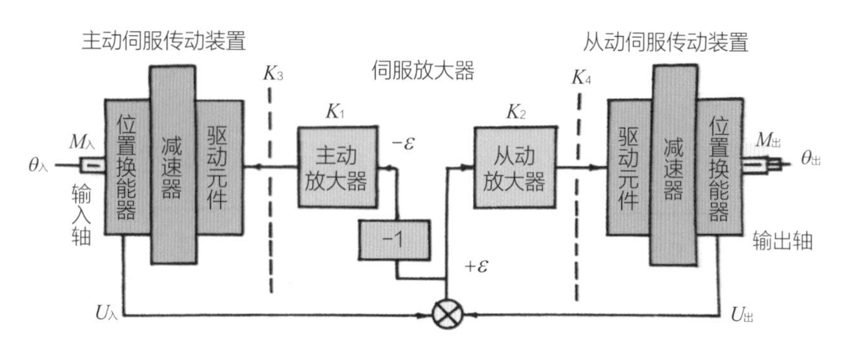

图4.26　位置-位置型双向力反应伺服系统框图

②力-位置型伺服系统（图4.27）：它仍由位置偏差信号控制输出轴运动，而主动伺服传动装置的运动是通过从动伺服传动装置的力传感器来控制的，并在输入轴上形成力反应。所以，从动手的负载只要足以引起输出轴产生微小的扭曲变形，被高灵敏度的力传感器检测出来，并产生电压即可。因此，力-位置型伺服系统不要求从动部分的传动装置是可逆的，是一个非对称伺服系统。

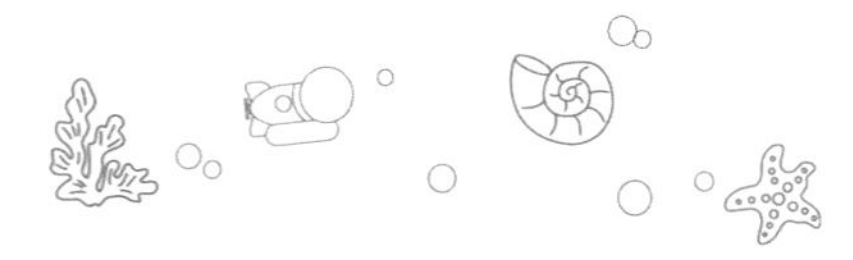

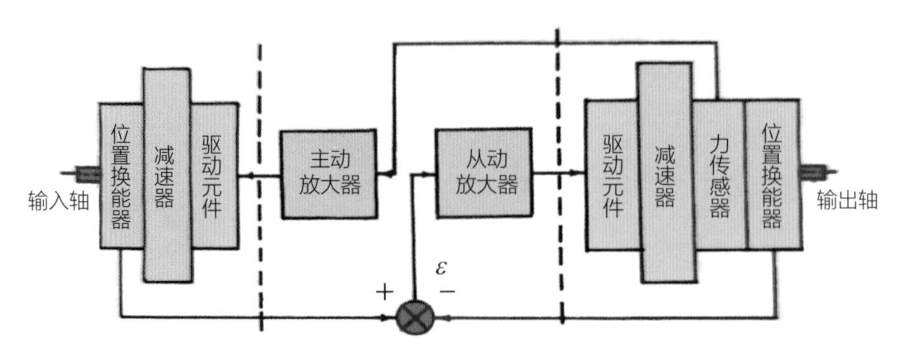

图4.27　力-位置型力反应伺服系统框图

③力反馈-位置型伺服系统（图4.28）：这种伺服系统在主从两侧都装有力矩检测装置，虽然从动伺服传动装置仍用位置偏差信号控制，但主动侧却是用主从两个力传感器的力矩偏差信号来控制，因此两个伺服传动装置均不一定是可逆的。同时，它可以把伺服传动装置中的摩擦和惯性用力反馈回路隔开，使之不能反映到输入轴上，从而减小了摩擦和惯性的影响，可明显改善伺服系统的特性，有利于提高机械手的性能。问题是这种系统比较复杂，要求高灵敏度和性能稳定的力传感器，否则会影响到系统的稳定性，因而目前还很少被采用。

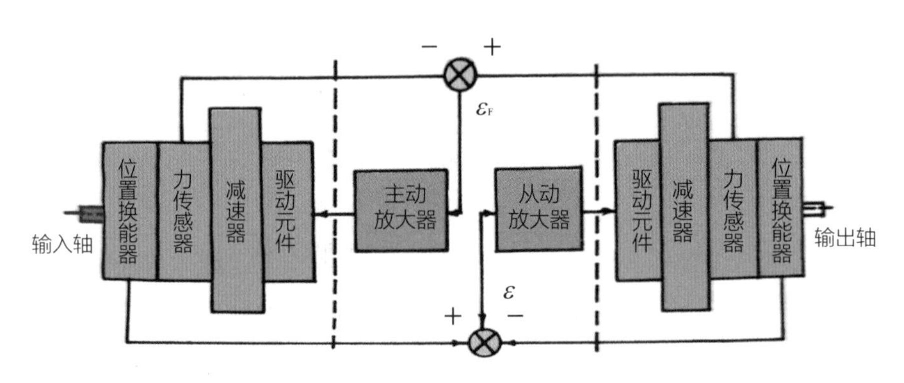

图4.28　力反馈-位置型力反应伺服系统框图

随着新型功能材料的发展，机械手力反馈控制技术将更加精细化，如我国科学家程玙博士等研发的基于离-电子传感机制、无封装设备架构的触觉感知传感器，其压力分辨率为0.59Pa，同时实现亚毫米空间分辨率的高保真触觉成

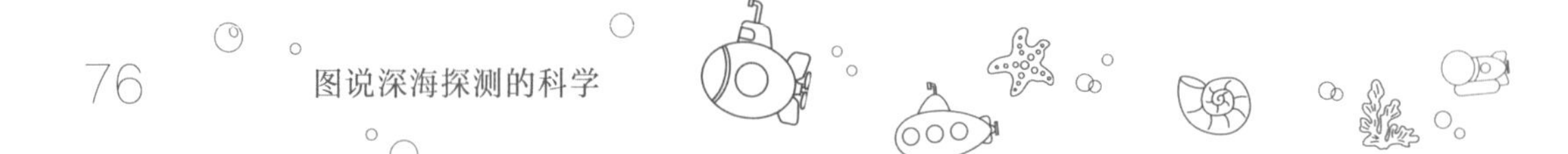

像，该传感器工作原理见图4.29。该研究成果已于2022年在《先进功能材料》期刊发表。其推广应用必将大幅度提升机械手水下精细操作技术水平。

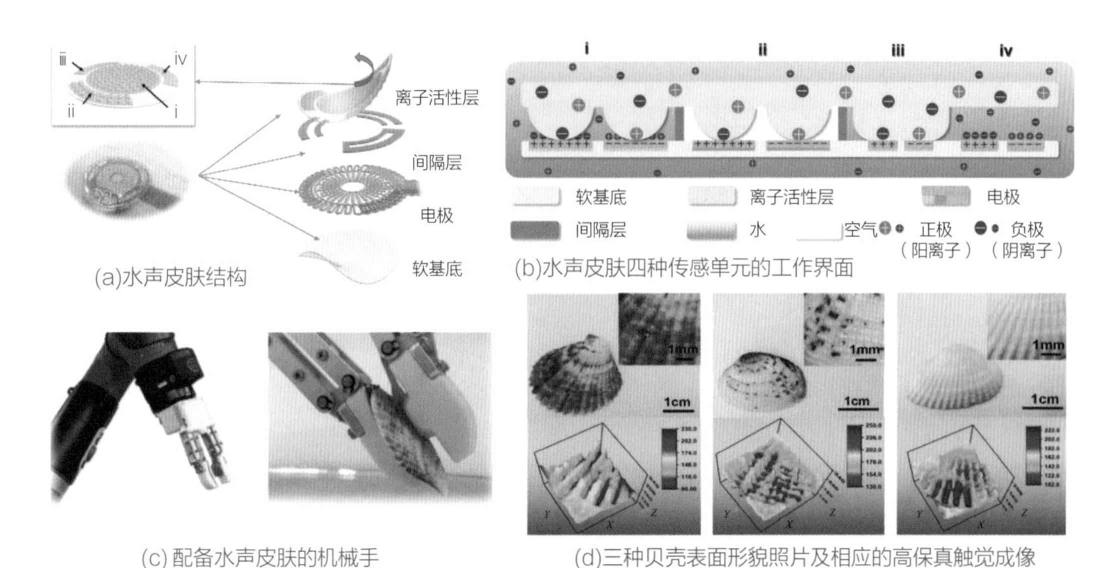

图4.29　水声皮肤工作原理及触觉成像

（3）ROV虚拟现实模拟训练技术

所谓ROV模拟训练技术，是指利用仿真系统，即ROV模拟器对ROV操作人员进行模拟训练的技术，旨在有效地帮助ROV操作人员熟悉ROV系统的工作流程、操作要领以及水下作业环境，尽快提升操作人员的操纵能力和信心，以加快操作人员从实习生到现场技术人员的转变。ROV模拟训练技术的最大意义是避免了海上训练的高投入和高风险，其核心是计算机仿真技术。专业的ROV模拟训练系统可以模拟ROV真实的作业环境，一般由多个人机交互界面组成。ROV模拟器如图4.30所示。

图4.30　ROV模拟器

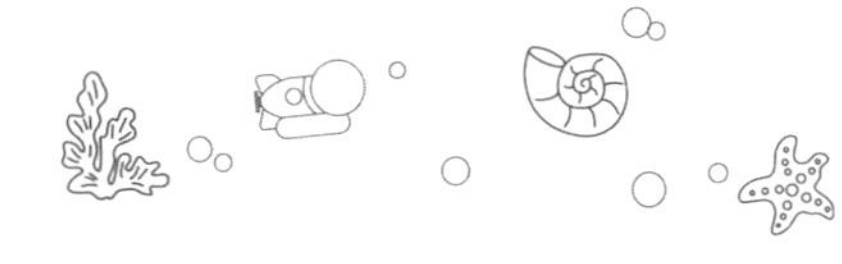

一般来说，ROV模拟器应用虚拟现实和计算机建模技术来生成基于场景的ROV模拟，它通常会有整个场景的“上帝的视角”，包括ROV的外部渲染，供教练在完成任务时观看。可以模拟实时交互操作中真实ROV系统的标准组件（如声学成像、避障、单元跟踪、水下摄像机和灯光、机械臂）和环境因素（如海流、可变浊度和系绳效应）。目前，大多数可用的商业系统都能够为特定的ROV实现使用网络CPU（中央处理单元）来操作一系列模块的分布式处理。

ROV模拟的一个核心要求是，在模拟的每一步之后，所有组件（即被模拟的对象）都在合理的位置和方向上。为了最大限度地扩大所开发场景的可能范围（从而减少开发人员的工作负荷），通常使用一个独立的物理包来处理位置和方向更新，称为物理引擎（图4.31），它是一种软件，提供了某些物理系统的近似模拟，如刚体动力学（包括碰撞检测）、软体动力学和流体动力学。这些技术被广泛应用于计算机图形学、视频游戏、电影特效和高性能科学模拟等领域。虽然它们的主要应用领域是在游戏行业，但它们已经越来越多地被各种工程学科所依赖。

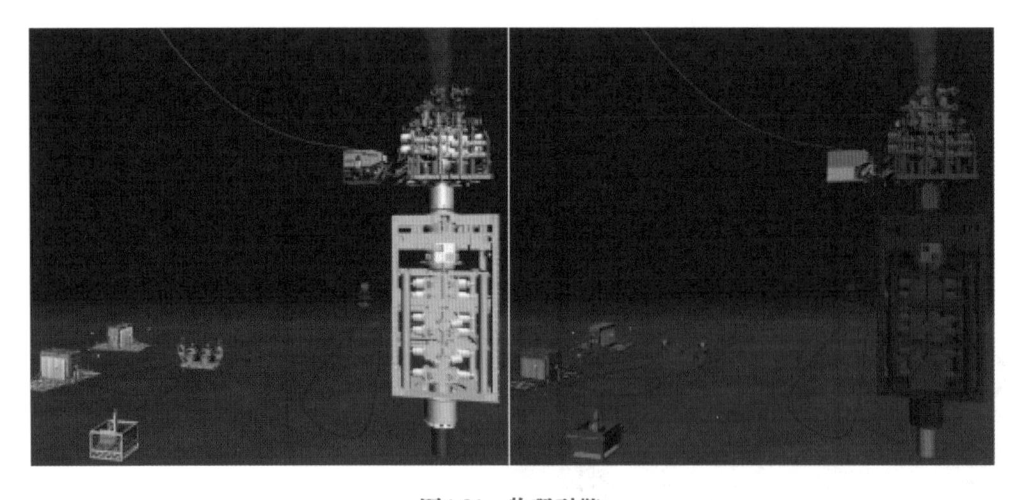

图4.31　物理引擎

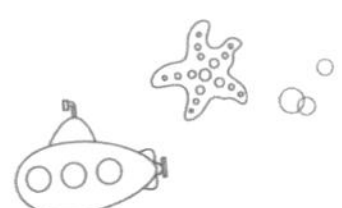

4.3 中国的深海ROV发展之路

从20世纪70年代末起，中国科学院沈阳自动化研究所和上海交通大学开始从事ROV的研究与开发工作，合作研制了我国第一个ROV“海人一号”，如图4.32所示。1985年12月，“海人一号”样机首航成功，可潜深200m，能够在水下连续地进行切割、焊接、观察、取样作业，可利用自制声剖仪获取30m海底底层图。“海人一号”是我国独立自主研发的第一台大型水下机器人，在我国这是一项开拓性工作，它的成功开辟了我国水下机器人研究的新领域。

“海马号”是我国第一套具有自主知识产权的4500m作业级深海ROV（图4.33）。该项目的研制任务包括一套“海马号”4500m作业级无人遥控潜水器、一套重型升沉补偿器、一套4500m级升降装置和系列化作业工具等深海作业装备。

图4.32 “海人一号”ROV

图4.33 “海马号”ROV

2014年3月至4月，“海马号”三次下潜到南海中央海盆4502m水深处，完成海底观测网扩展缆模拟布放、沉积物取样、热流探针探测、海底地震仪布放、海底自拍摄、标志物布放、模拟“黑匣子”打捞等多项深海海底地质探查作业任务，并成功实现与水下升降装置的联合作业。

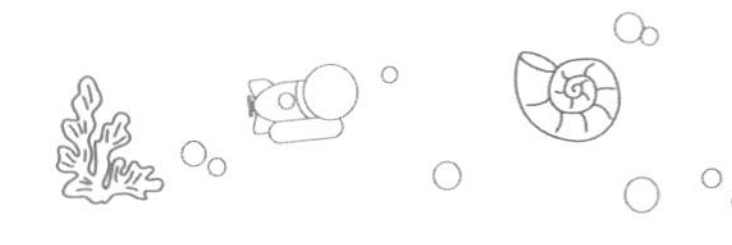

“海星6000”是我国首台成功自主研制的6000m ROV，如图4.34所示，突破了超长铠装缆的实时状态监控与安全管理、自适应电压补偿的长距离中频高压电能传输、近海底高精度悬停定位等多项关键技术，可于近海底长期开展海洋环境调查、生物多样性调查、深海极端环境原位探测和深海矿产资源调查等深海科考工作，为我国深海科学研究提供技术支撑。

海龙系列ROV是在中国大洋协会组织下，由上海交通大学水下工程研究所开发的勘查作业型无人遥控潜水器，也是我国“蛟龙探海”工程的重点装备。主要成员有“海龙2号”“海龙3号”和“海龙11000”，分别如图4.35~图4.37所示。

图4.34 “海星6000”ROV

图4.35 “海龙2号” ROV

图4.36 “海龙3号” ROV

图4.37 “海龙11000” ROV

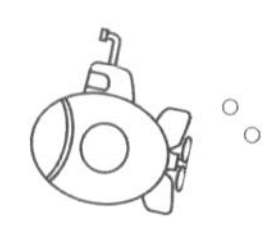

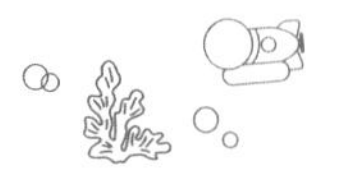

2009年10月23日，我国“大洋一号”科考船使用“海龙2号”在太平洋赤道附近洋中脊扩张中心的东太平洋海隆“鸟巢”黑烟囱区域观察到罕见的高26m、直径约4.5m的巨大“黑烟囱”，“黑烟囱”形似巨大珊瑚礁，不间断地冒出滚滚浓烟，如图4.38所示。“海龙2号”用五功能机械手准确抓获约7kg“黑烟囱”喷口的硫化物样品并顺利置放在样品筐中，成功进行了取样工作，并将其带回科考船进行研究。

图4.38 “海龙2号”ROV观测到的景象

4.4 深海探测实例——搜索打捞失事氢弹

1966年1月7日，美国在西班牙帕洛马雷斯附近的上空进行北约空中紧急补油演习时，一架B52轰炸机与一架加油机相撞，发生意外的飞机起火，飞行员看到失火事故已经无法排除，迅速采取应急措施——掷下氢弹，氢弹落入地中海。仅几秒，油箱爆炸，飞行员随即跳伞。事关重大，美国海军紧急调遣“阿尔文号”“的里雅斯特号”载人潜水器、“CURV-1”无人遥控潜

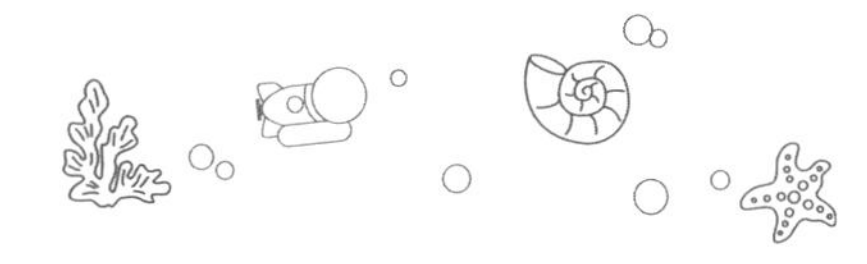

水器以及“阿鲁明纳号”（Aluminant）潜艇出马。“阿尔文号”和“的里雅斯特号”被母船以最快速度携带至指定的海域后，随即下潜，但10天的搜索一无所获。

两个月后，“阿尔文号”（图4.39）深潜500多次，终于发现了落至海底的那枚氢弹，但打捞失败。随后，美国海军成功地用“CURV-1号”ROV将绳索连接到氢弹上，最终将氢弹打捞了上来。至此，“阿尔文号”和“CURV-1号”一战成名，各国也意识到载人潜水器和无人遥控潜水器在深海失事打捞领域中的作用，开始大力发展各类水下运载器。

图4.39 执行氢弹打捞任务的“阿尔文号”

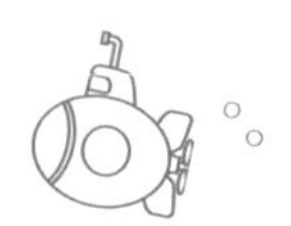

第5章

深海无人自主潜水器（AUV）

5.1 深海探测AUV的类别

5.1.1 AUV探测时代的开始

无人自主潜水器（AUV）的研制始于20世纪50年代，但早期大部分的AUV存在很大缺点，如体积太大、效率低或造价高等。同时，由于无人遥控水下机器人（ROV）技术要求相对简单，使其在20世纪80年代早期已经成熟，此时AUV技术还基本处于它的幼年时期，发展较ROV缓慢。20世纪80年代末，随着计算机技术、人工智能技术、微电子技术、小型导航设备、指挥与控制硬件、逻辑与软件技术的突飞猛进，AUV得到了大力发展。由于AUV摆脱了系缆的牵绊，在水下作战和作业方面更加灵活（图5.1），该技术日益受到发达国家军事、海洋技术部门的重视。

图5.1　无人自主潜水器（AUV）

在深海探测领域，早期最具代表性的AUV是美国伍兹霍尔海洋研究所的SeaBED、Sentry以及法国的“逆戟鲸号”。SeaBED AUV如图5.2所示，重

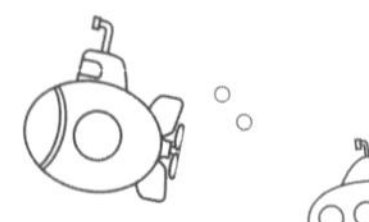

200kg，长2m，设计潜深2000m，航程36km，配备了声学多普勒流速剖面仪(ADCP)、成像声呐、定制相机和SeaBird CTD传感器。

Sentry AUV如图5.3所示，探测深度达6000m。Sentry AUV可以生成海底的测深、侧扫和地磁图，能够在各种复杂海底摄影、摄像，包括火山口和陡坡。除了标准的CTD传感器外，Sentry AUV还携带了氧化还原电位探头和原位质谱仪等。

图5.2 SeaBED AUV

图5.3 Sentry AUV

1980年，法国国家海洋开发中心建造了“逆戟鲸号”无人自主潜水器，其最大潜深为6000m，是世界上第一艘可达该深度的AUV。“逆戟鲸号”AUV先后进行过200次深潜作业，完成了太平洋海底锰结核调查、海底峡谷调查、太平洋和地中海海底电缆事故调查、洋中脊调查等重大任务，于1991年退役。“逆戟鲸号”AUV如图5.4所示，重2900kg，长4.0m，巡航速度为0.51m/s，续航时间为7小时。

图5.4 “逆戟鲸号”AUV

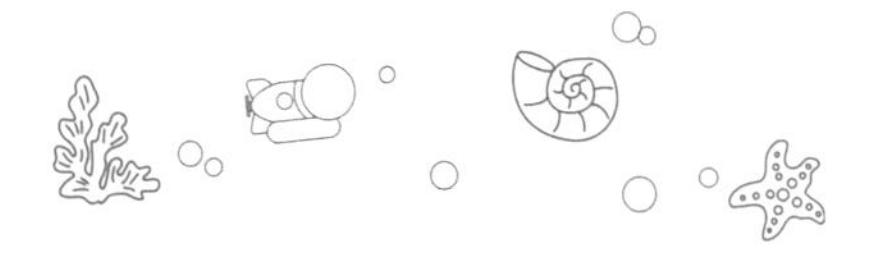

5.1.2 深海探测AUV世界的“三大家族”

目前，深海探测AUV已经成体系发展，国际上最具代表性的有REMUS系列、Bluefin-蓝鳍金枪鱼系列和AutoSub系列。

（1）REMUS系列

REMUS系列具体包括REMUS 100、REMUS 600、REMUS 3000、REMUS 6000等型号，可用于反水雷、航道侦察、港口警戒、地形测绘以及深水取样等任务。

REMUS 600 AUV如图5.5所示，是专门打造的一款中型军用AUV，运输灵活，功能丰富，可配置程度超高，最大作业深度为600m。REMUS 600 AUV能够从长度不到11m的小艇上布放，最大续航时间为12小时，可以搭载各种传感器，几乎能够满足常用的所有任务需求。

图5.5 REMUS 600 AUV

REMUS 6000 AUV如图5.6所示，是在美国海军海洋研究办公室、海军研究办公室和伍兹霍尔海洋研究所合作计划下设计的，用于支持深水自主作业。REMUS 6000 AUV拥有成熟的软件和电子子系统，具有大深度、持久和有效载荷大的特性，可在6000m的深海中进行自主运行。

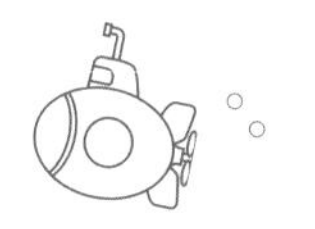
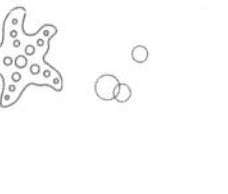
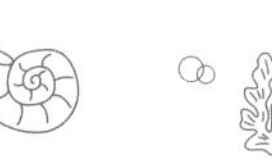

2009年6月，法国航空公司一架从巴西里约热内卢飞往巴黎的航班在大西洋上空失事，造成228名乘客全部丧生，当时采用REMUS 6000 AUV进行搜寻工作，成功搜寻到发动机残骸。

图5.6 REMUS 6000 AUV

（2）Bluefin-蓝鳍金枪鱼系列

Bluefin-21 AUV如图5.7所示，是一种专业水下搜寻AUV，它可以潜入水下4500m深处，在配置相关声呐后能以最高7.5cm的分辨率搜寻水下物体。其外形与潜艇相似，长493cm，直径53cm，重750kg，最大航速4kn。在标准负载和3kn航速下，其续航时间为25小时。

MH370事件中，美国海军提供Bluefin-21 AUV进行搜寻工作，进行了10次下潜搜寻工作，由于搜寻深度超过Bluefin-21 AUV设计深度，搜寻无任何结果。

图5.7 Bluefin-21 AUV

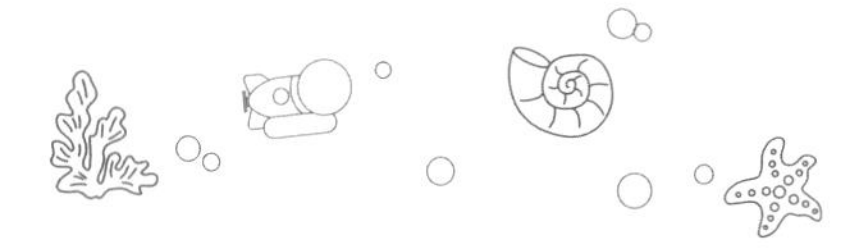

（3）AutoSub 系列

AutoSub AUV（图5.8）的研发始于20世纪80年代末期，为了在格陵兰岛-冰岛-法罗群岛等地区进行持续监测任务，英国国家海洋学中心和海洋科学研究所开始研制AUV系统。后来，AutoSub AUV逐渐转向民用领域，先后研发出AutoSub、AutoSub 1a、AutoSub 2、AutoSub 3、AutoSub 6000、AutoSub Long Range等型号。

AutoSub 3是在AutoSub 2（已在冰下丢失）基础上专门用于冰下探测的一款AUV，其在松岛冰川的500~1000m厚的浮冰下运行，成功穿过长达60km的冰盖。Autosub 3能够绘制AUV轨道下方的冰层和海床深度。

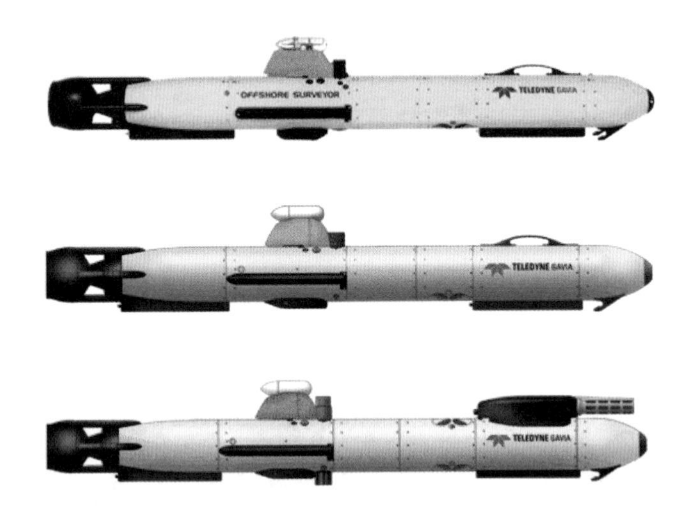

图5.8　AutoSub AUV

AutoSub 6000与早期的AutoSub 3不同的创新点是：它不使用强大的压力容器来保护电池免受外部压力的影响；相反，它使用专门开发的电池，本身可以承受6000m深度的压力。2009年10月，AUV完成了5600m试验，并在卡萨布兰卡海山的崎岖地形上测试了基于扫描声呐的新型避障系统。这在2010年初确定加勒比海中部地区两个热液喷口位置时得到了很好的运用。AutoSub 6000 AUV如图5.9所示，重2000kg，长5.5m，巡航速度1m/s，续航时间70小时。

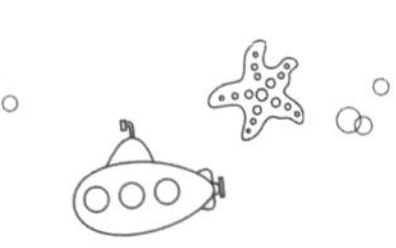

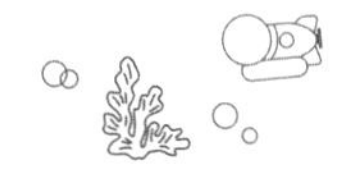

图5.9　AutoSub 6000 AUV

AutoSub Long Range是一种新型AUV，质量虽然只有AutoSub 6000的三分之一，但其航程是AutoSub 6000的10倍。通过缓慢行驶（0.4m/s），并严格控制其传感器的可用功率，它能够执行长达六个月的任务，航程为6000km。AutoSub Long Range AUV如图5.10所示，其作业深度6000m，具有断电和休眠的能力，同时锚定在海底，定期醒来或感知周围环境波动后醒来。

图5.10 AutoSub Long Range AUV

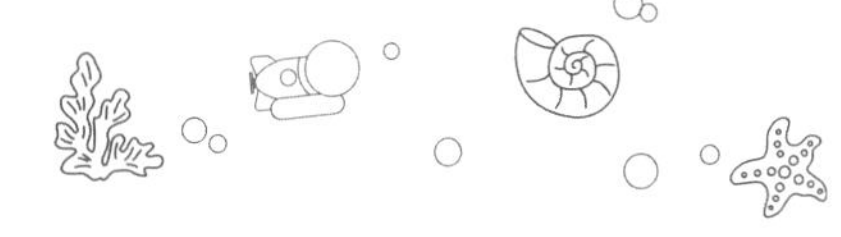

5.1.3 功能各异的现代AUV

美国休斯敦HMI公司设计了一款潜水器Aquanaut，计划摆脱对线缆和对母船的依赖。它将以潜艇模式航行到深水目的地，在那里它会变成类人形态，展开强大的臂膀。每个手臂配备有扭力传感器，具有8个自由度，类似于人的手臂。Aquanaut的手臂不仅可以旋转采油树上的阀门，甚至可以收回来操作它“肚子里”的专用工具，如图5.11所示。

图5.11 Aquanaut AUV

Gavia系列是冰岛Hanfmynd Ehf公司开发的一款便携式模块化AUV，基本配置为：长1.7m，直径0.2m，重44kg，最大工作深度2000m，可选装GeoSwath多波束声呐，如图5.12所示。通过搭载不同的模块实现各种用途，如海洋调查、科学应用、海洋防御等。多任务和模块化结构以及携带各种传感器的能力，使Gavia特别适合国防安全应用。

Gavia AUV可根据需求变化，执行不同类型的任务，配置不同模块，包括猎雷（MCM）、反潜战（ASW）培训、快速环境评估（REA）、监视、搜索和回收等。Gavia AUV存放在小型箱子中，可以通过货车或皮卡轻松运输到现场。Gavia AUV可以由两个人操作，并且不需要发射和回收的专用设备。

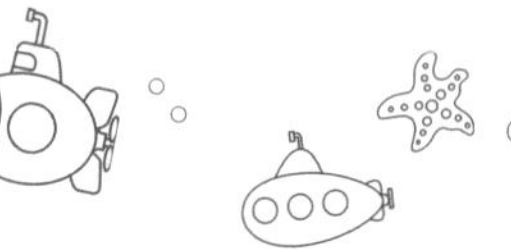

图5.12 Gavia AUV

德国STN公司开发的名为Deep-C的新型自主水下潜水器如图5.13所示，续航时间60小时，航程400km，潜深达6000m，直径1m，重约2.4t，最大航速6kn，巡航航速4kn。STN公司计划在Deep-C上使用许多新技术，包括碳纤维增强塑料、缩微燃料电池、长航时水下导航系统等。

由于这些优于传统系统的优势，Deep-C可用于各种场景，如海床测绘、管道和路线调查、检查或控制、局部清理、碎片调查、科学搜索、环境和地质勘探等。

图5.13 Deep-C AUV

Odyssey Ⅳ是麻省理工学院AUV实验室团队经多年的研发经验总结设计的一款AUV。流线型外形源自Odyssey Ⅱ级AUV，可实现高效节能的高速运输和快速任务。AUV在高速时运行稳定，两个固定的横向推进器和两个旋转推进器的组合提供4-DOF控制，以实现精确的悬停能力。其可搭载的载荷包括：高分辨率立体数码相机、Benthos C3D多波束声呐、样品返回装置、质谱

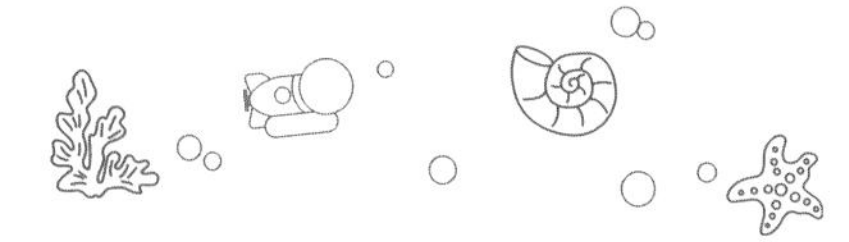

仪、机械手和浮力驱动器。Odyssey Ⅳ AUV如图5.14所示，重25kg，长2.6m，设计深度6000m，速度2m/s，航程80km。

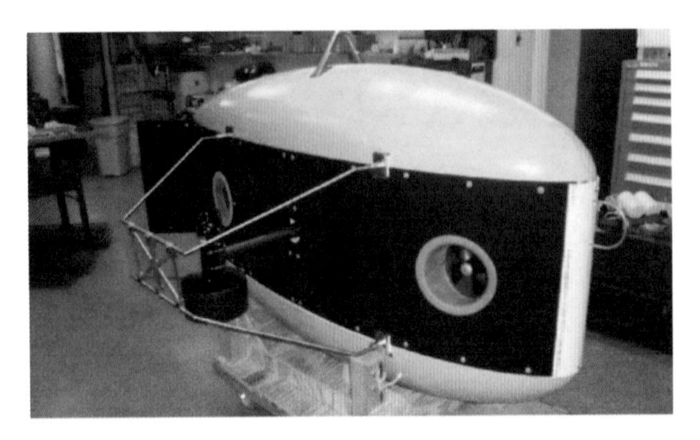

图5.14　Odyssey Ⅳ AUV

Reef Explorer是麻省理工学院AUV实验室团队设计的一款轻型AUV。Reef Explorer可以通过互联网远程驱动，特别适合浅水任务。尽管结构轻巧，但其有效载荷仍然很大，因此非常容易部署和操纵。2007年，配备彩色摄像头和无线电连接的Reef Explorer部署在夏威夷的卡内奥赫湾，其将数据传输回岸上的教室，让学生虚拟地探索珊瑚礁，并向AUV发送简单的命令。Rex Ⅱ（Reef Explorer Ⅱ）是ROV和AUV的混合水下机器人，具有体积小、动作灵活、通信可靠等优点，如图5.15所示。

图5.15　Reef Explorer Ⅱ水下机器人

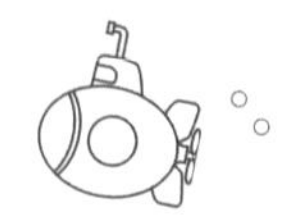
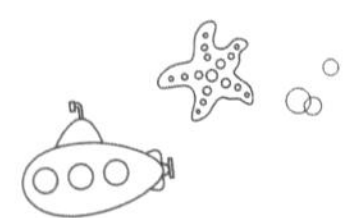

5.1.4 巨型长航程AUV

作为水下无人作战计划的重要组成部分，美国海军选定了波音公司和洛克希德马丁公司，各自开发超大型无人无缆潜水器（XLUUV）项目，由于XLUUV完全脱离水面或潜艇支持，因此比起使用小型UUV，它日后的大规模部署费用更低。

波音公司的XLUUV项目基于它现有的Echo Voyager 无人潜水器，是公司最新/最大的Echo系列产品。Echo Voyager类似于一款基础的柴电潜艇：它在水面上使用发电机给电池充电，潜入水中后再耗尽电池电量。它可以航行数千海里，战术半径为100~200海里，能携带适量的载荷。Echo Voyager XLUUV如图5.16所示。

图5.16 Echo Voyager XLUUV

5.2 AUV深海探测前沿技术

5.2.1 海底导航定位

（1）惯性导航

惯性导航是基于惯性技术发展起来的一种完全自主的导航方式。水下惯性导航的基本原理是，通过精确测量潜水器载体的旋转运动角速率、姿态方位角和直线运动加速度，并利用获取的载体加速度对时间二次积分，结合载体姿态

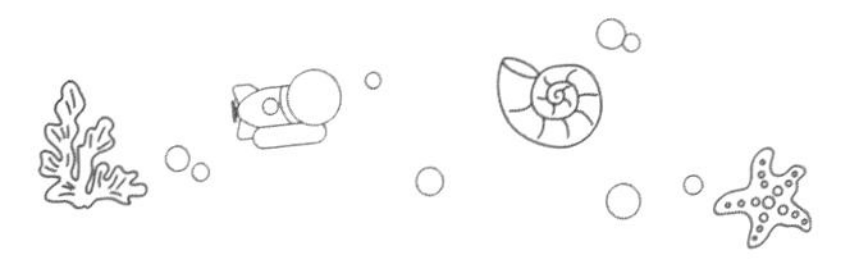

及航向，从而估计推算其当前位置。惯性导航本质上属于航位推算导航方式的一种。惯性导航系统至少需要包括含有加速度计、陀螺仪等的惯性测量单元和用于推理的计算单元两大部分。一般的惯性导航传感功能示意图如图5.17所示，每一个传感器都有各自的优缺点，但是它们之间相互配合，取长补短，因而能达到较好的导航效果。推理计算单元主要由姿态解算单元、加速度积分单元及误差补偿单元组成，主要作用是推算出当前的姿态和位置信息，其原理如图5.18所示。

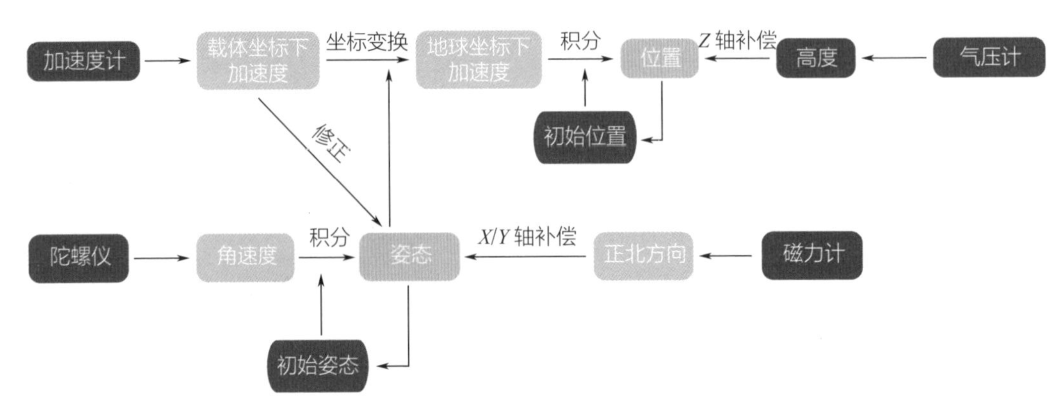

图5.17　惯性导航传感功能示意图

惯性导航因其自主隐蔽、不受外界干扰、短时精度高、导航信息完备和数据更新率高等优点，成为水下隐蔽导航定位的首选主体导航方式。但由于惯性测量元件的固有属性，线性和角加速度传感器均存在噪声，导致随时间不可避免地存在系统漂移（一般民用水下潜航器漂移率达1km/h），导航位置误差随时间不断累积。因此，在水下惯性导航系统实际使用过程中，为满足长时间工作的精度在要求的导航定位精度范围内，需要定期进行误差校正。

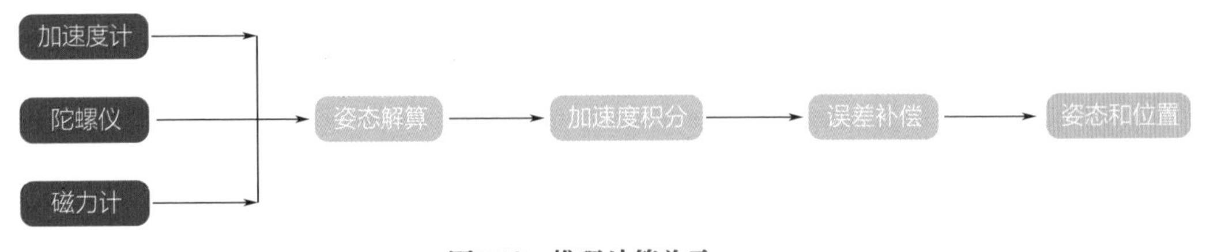

图5.18　推理计算单元

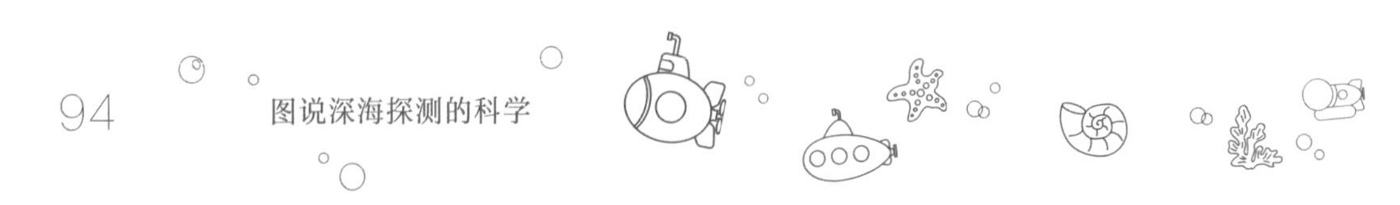

（2）航位推算导航

航位推算(Dead Reckoning，DR)导航主要利用测速传感器获取潜水器的速度，然后对时间进行积分，结合载体航向传感器信息及之前时刻位置推算出其当前所在位置，是应用较早也是最基本的导航方式之一。潜水器使用的航位推算导航系统原理如图5.19所示。其中，测速传感器作为DR系统的核心，目前广泛采用的是多普勒速度计程仪(Doppler Velocity Log，DVL)。DVL基于声呐多普勒效应，可测得其在水下载体坐标系下相对于周围海底或水体层的速度。

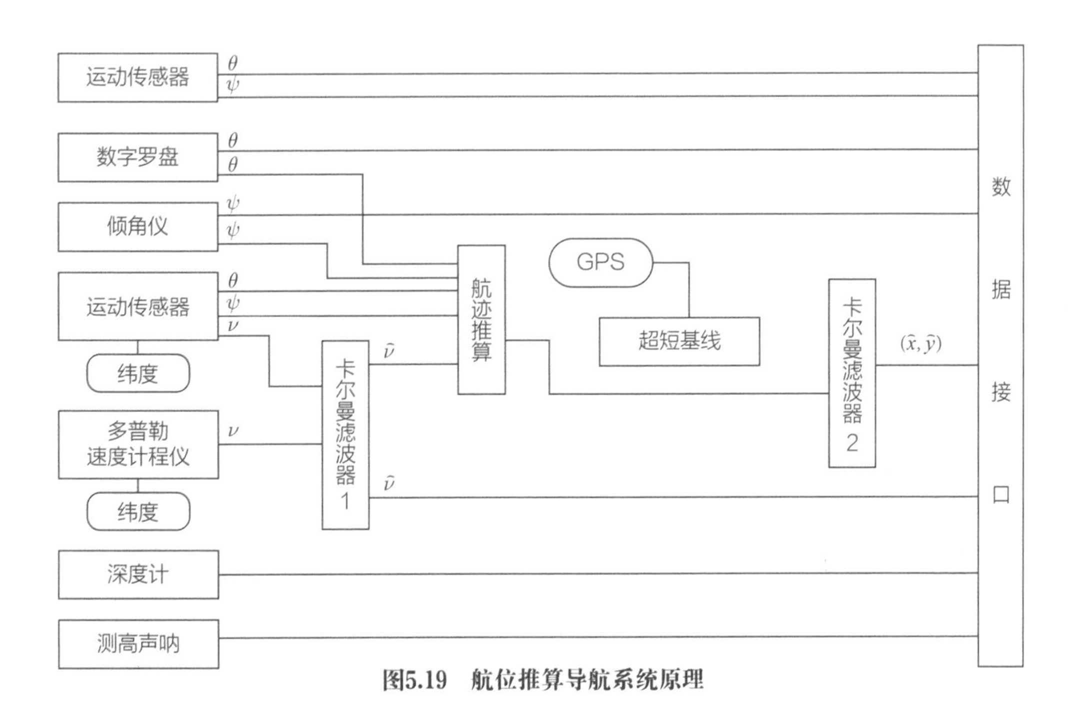

图5.19　航位推算导航系统原理

为了达到较高的测速精度，DVL的发射声波频率一般也较高，而最大作用距离与工作频率(即测速精度)成反比。在水跟踪模式下，容易受到未知的海流流速分量影响，特别是潜水器航速相对较小时，由速度误差累积产生的位置误差较大；而对于精度较高的海底跟踪模式，潜水器下潜深度限制在靠近海底附近，且受环境变化影响易出现DVL对地失锁的数据失效现象。目前，国外潜水器常用的DVL主要有：美国EDO公司研制的3040/3050型DVL，其精度达到0.2%；美国RDI公司的Work house Navigator系列，其精度可达到0.4%。

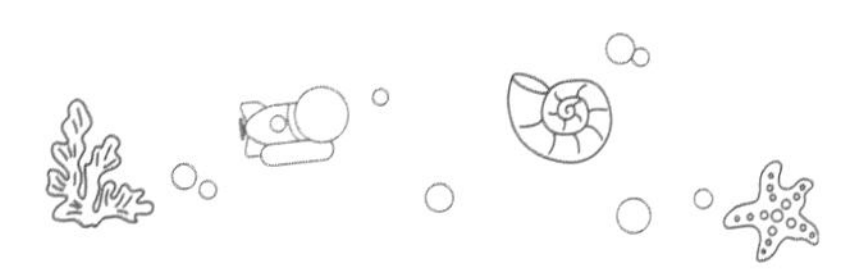

（3）地球物理导航

海洋地球物理导航是利用勘测到的海洋固有的地球物理属性(主要包括磁力场、重力场和海底地形场)的时空分布特征，制作地球物理导航空间位置参考图，通过将潜水器航行过程中所载物理属性，传感器现场采集的特征信息与存储的参考图相匹配，实现水下定位的高新自主导航方法。

地磁辅助导航原理如图5.20所示。该方法需要先获取任务海域的地磁场数据并提取出磁场特征值，绘制成参考图存储在导航计算机中。当 AUV 经过任务海域时，根据捷联惯导系统（Strapdown Intertial Navigation System, SINS）实时输出的位置信息，对预先存储在导航计算机中的参考地磁图进行索引，得到当前位置处的地磁参考值，并通过地磁辅助导航算法将该地磁参考值与实际地磁场数值进行匹配得到准确位置信息，进而对 SINS 误差进行实时修正。

总体来说，目前海洋地球物理导航虽然能够提供一个较大范围的导航定位，但导航定位精度往往不高，而且前期需要大量工作对导航海域进行大规模测绘调查以绘制相关的物理场参考图，导致目前工程应用较少，仍有较大的开发潜力。

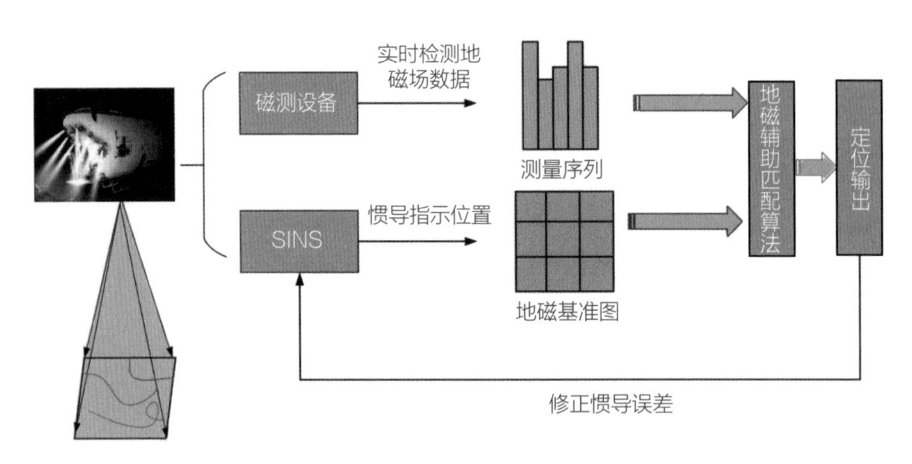

图5.20 地磁辅助导航原理

（4）水声导航

水声定位系统是当前水下导航定位的主要方式之一，需要预先在海底(或海面)、潜水器载体上布设多个换能器基元，作为接收器或应答器。根据声学

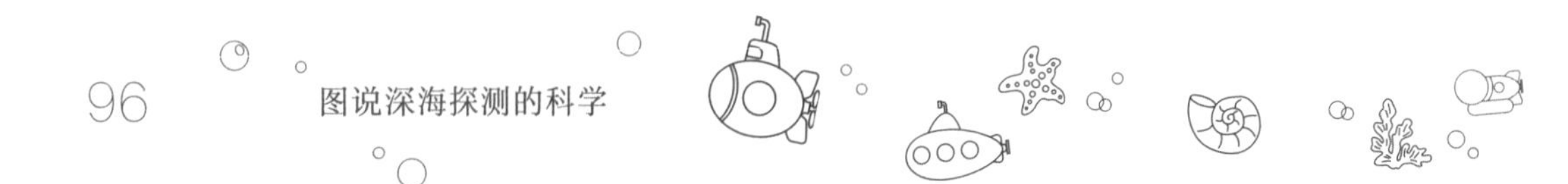

定位系统定位基线的长度，传统上可将其分为3种类型：超短基线定位系统(Ultra Short Base Line，USBL)、短基线定位系统(Short Base Line，SBL)、长基线定位系统(Long Base Line，LBL)。

①超短基线定位系统(USBL)。一般将定位基元布置在潜水器载体底部，基线长度小于1m，3个以上的基元构成的基线阵可集成在一个整体单元内，通过测量声波在已知参考位置的信标与基元之间的传播时间来确定斜距，通过测相技术来确定方位，以确定潜水器的相对定位。USBL整个系统构成简单、体积小，便于布放和回收，适用于低成本小型潜水器，但其精度低，需要做大量的校准工作，且作用距离较近，不能满足深海远距离高精度导航定位要求。

②长基线定位系统(LBL)。多在海底布设3个以上的基点信标，基线长度100~6000m，潜水器一般位于基线阵内部，通过测算各基元信标到潜水器的距离，基于几何交会原理估计潜水器的位置，如图5.21所示。LBL系统构成相对复杂，基线布设回收难度大、成本高；但其适合大面积导航区域使用，且其测量过程与水深无关，不需要连接姿态传感器和罗经设备等外部设备，定位精度相对最高。另外，新兴的浮标式LBL克服了潜标式LBL在海底布设困难的问题，浮标上可直接接收GPS信号，为水下导航提供精确的参考位置信息和时间基准，但也因自身浮在海面的因素约束，存在现有系统作用距离不远、易受海洋风浪和人类活动的影响等问题。

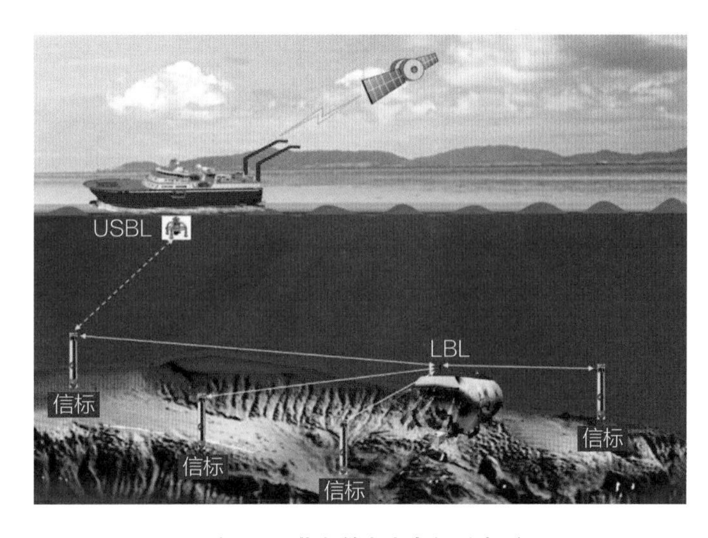

图5.21　潜水器水声定位示意图

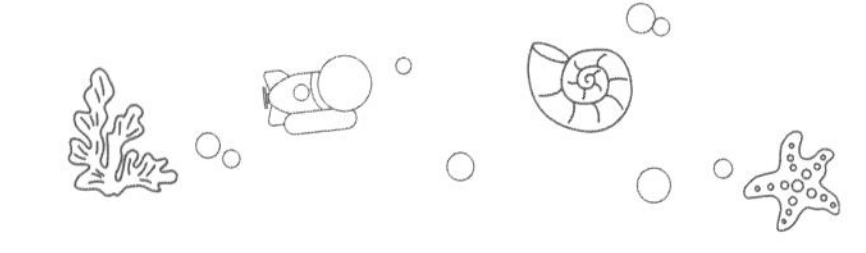

5.2.2 水下入坞

（1）入坞流程

入坞的最初目的是使自主潜水器可以多次出动且无须回收或人工维护。为此，入坞系统需要为自主潜水器提供寻找回收器、物理连接、电池充电、建立通信链路、以低功耗状态等待新任务以及出坞等支持。其目的是减小自主潜水器作业对船舶的依赖，使作业能够持续进行。科学观测站的大量出现，使自主潜水器入坞的概念成为现实。潜水器入坞系统见蒙特雷湾研究所的Jon Erickson使用SolidWorks 软件绘制的结构图，如图5.22所示。

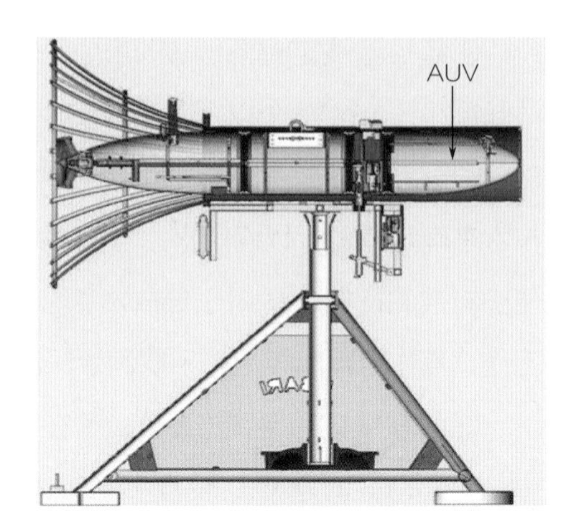

图5.22 潜水器入坞系统

入坞一般包括以下几个步骤：

①引航：入坞的第一步是将潜水器导引至回收器附近，使潜水器通过搭载的传感器能直接发现回收器。在回坞途中，潜水器通常相对于地球进行导航。

②逼近准备：当潜水器到达回收器附近时，为了逼近回收器必须调整自身位置。例如，潜水器可使用超短基线定位系统(USBL)来测量相对于声学应答器(安装在回收器上)的方向和距离，以便定位在锥形回收器前方并对齐，准备逼近。

③逼近：潜水器正确定位后即可开始逼近回收器。可以简单地直接对准回收器进行逼近，也可以采用更复杂的方法，沿着可补偿海流速度的特定轨迹逼近。

④末端导引回坞：这是逼近的最后阶段，当潜水器与回收器的距离为数个潜水器长度时就进入末端导引回坞阶段。使用更新频率和精度均较高的末端导引传感器(如光学回坞系统)，可提高最终逼近漏斗形回收器的精确性。

⑤捕获：潜水器进入漏斗形回收器说明最终逼近成功结束。潜水器将继续

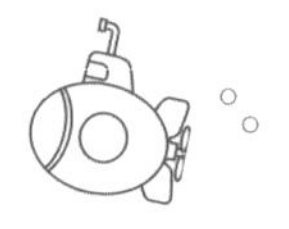
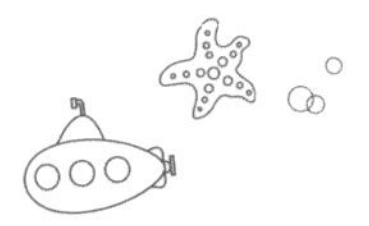

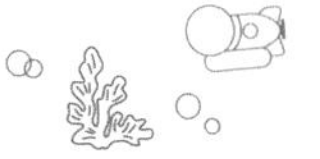

向前移动，前端到达漏斗中心后潜水器被导引进入捕获机构。

⑥逼近失败：可靠的入坞系统必须能预计到最终逼近可能并未成功。在这种情况下，潜水器必须能探测到未能逼近回收器并重新定位，以便进行下一次尝试。

⑦连接：成功捕获后，即可建立电力和通信连接。建立的电气、感应或电磁/光学连接（用于通信）可由潜水器或回收器控制。

⑧维护：建立连接后，自主潜水器即可通过回收器与缆系观测站进行网络连接，对电池重新充电、下载数据、上传新任务和更新软件等。

⑨出坞：将整个过程反向执行即可开始新任务。必须断开电气和电力连接，捕获机构释放潜水器，然后潜水器退出回收器。潜水器离开回收器后即可开始新任务。

（2）入坞传感器系统

入坞传感器为自主潜水器提供寻找和连接回收器所需的信息。理想的入坞传感器能够使自主潜水器在任何距离可靠地精确感知与回收器之间的相对位置，并可在1秒内多次更新且无延迟。入坞传感器提供的主要信息是两个平台之间的相对位置，使潜水器能够以可控方式逼近回收器。虽然自主潜水器通常有自身位置和回收器位置的地球坐标，但精度不足以使自主潜水器与回收器建立物理连接。入坞作业的逼近阶段和末端导引回坞阶段需要精确的相对位置信息。入坞传感器系统除长基线、短基线和超短基线定位系统外，目前研究比较多的是光学回坞和电磁回坞系统。

①光学回坞系统。光源、传感器、成像系统、图像处理算法、计算方法以及相关技术的发展为各种光学回坞方法提供了坚实基础。可将光学回坞系统大致分为基于主动光源的回坞系统和基于视觉的回坞系统。

基于主动光源的回坞系统使用调制光源作为回坞目标，象限探测器为自主潜水器提供回坞信息，系统可为潜水器提供上下左右信息。光源和探测器均具有方向性，因而为了探测到信号，潜水器必须以光源为目标逼近回收器。在水深2m处，光学系统的探测距离为10~15 m，若海水透明度较差，潜水器就无法探测到光源。

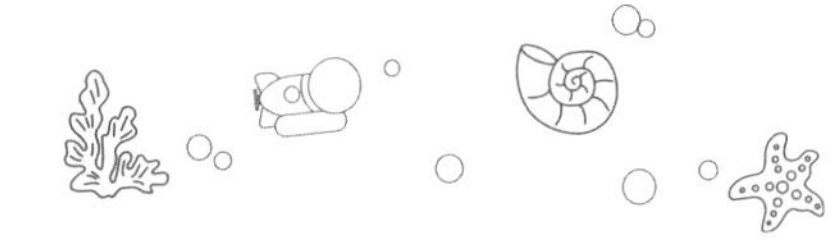

基于视觉的回坞系统也可用于被动目标回坞。可提取这些目标的特殊视觉特征用于视觉处理算法。例如，Maire等人在黑白条纹杆回坞试验中使用了基于视觉的回坞系统。该系统依靠环境光线照明，在室外跳水池进行试验，使用了Starbug自主潜水器。根据黑白条纹的不同宽度，利用视觉处理算法能够识别和区分两根不同的杆。在该试验中，入坞指潜水器在垂直杆之间降落到水底。

②电磁回坞系统。虽然电磁信号在导电介质中的传播速度显著降低，但在水下环境中仍然是瞬时有效的。电磁回坞系统的延迟主要取决于如何使用回坞系统，而非海洋中电磁传播的物理学性质。Feezor 等人开发了一种电磁回坞系统，使用振荡磁偶极子产生回坞信号。由于磁场是矢量，如果传感器能将磁场分量完全分离出来，则可以确定磁场的方向，使回坞磁偶极子与入坞系统方向一致，所测得的磁场实际上可以说明回收器的方位。磁回坞信号具有振荡性质，所产生的问题是虽然可以确定磁场取向，但其绝对方向是不明确的。为了解决这个问题，可增加一个发送定时信号的磁偶极子，使回坞信号可以同步。定时磁偶极子场的源线圈方向与回收器垂直，因而当潜水器进入回收器平面时可探测到垂直方向定时磁场。调整回坞磁偶极子的方向，可使其轴与漏斗形回收器的轴一致。

（3）AUV捕获和连接机构

捕获是指自主潜水器与回收器建立物理连接的过程。连接指固定潜水器并建立任何所需链路，如电力连接或通信链路。捕获机构通常导引潜水器对齐并进入最终停靠位置，将潜水器和回收器锁定在一起，确保潜水器处于连接状态。连接机构在潜水器和回收器之间建立电气或光学连接，将潜水器固定在回收器内，保护其在停靠期间不受环境的影响。

在设计上，漏斗形回收器可提供较大的横截面，用于捕获潜水器并将其导引至捕获机构，在有些情况下则导引至可全部或部分包含潜水器的圆柱体结构。潜水器有时可在推进力作用下进入回收器。漏斗形回收器的例子包括早期的Odyssey回坞系统、REMUS回坞系统、Dorado回坞系统和设计用于停靠多艘潜水器的无人无缆潜水器(UUV)回坞和充电系统。鱼雷形自主潜水器通常使用锥形入坞系统。

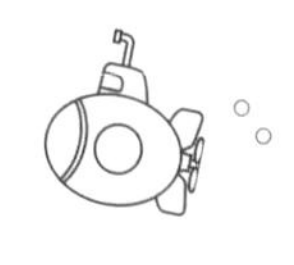
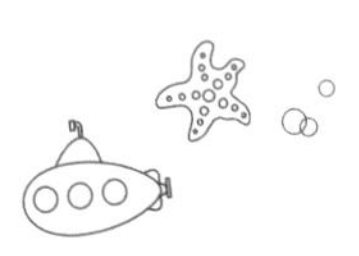

漏斗形回收器的优点是具有较大的捕获孔径，此外还能在捕获后对潜水器进行完全限制，如在漏斗底安装圆柱形潜水器停靠装置，这也简化了随后的电力连接和通信链路建立工作。如果回收器能完全包含自主潜水器，则在其停靠期间可以提供更好的保护，避免生物污损或其他环境危险。漏斗形回收器还能支持大多数回坞功能，尽量减少潜水器需要搭载的设备数量。各种漏斗形回收器如图5.23所示。

（a）自主潜水器回坞系统

（b）REMUS回坞站

（c） Bluefin Robotics 公司和Bettelle纪念基金会建造的回坞站

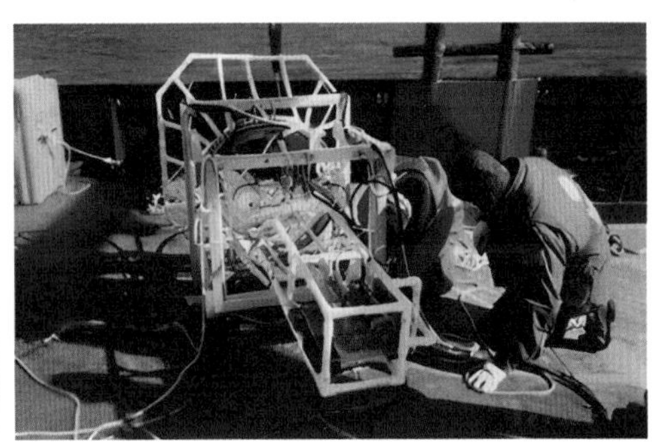

（d） Odyssey Ⅱb自主潜水器使用的回坞系统

图5.23　各种漏斗形回收器

杆形回收器是垂直结构，一般为刚性杆或张紧的电缆，潜水器通过锁扣装置与其连接。回收器的垂直孔径实际上由杆的回收段长度决定，水平孔径则由潜水器捕获机构的宽度决定。捕获机构通常为安装于潜水器前端的捕获叉(图5.24)或从潜水器侧面伸出的齿，当潜水器经过时可抓住杆。当回收器必须与系泊装置结合时，杆形回收器是一种解决方法。

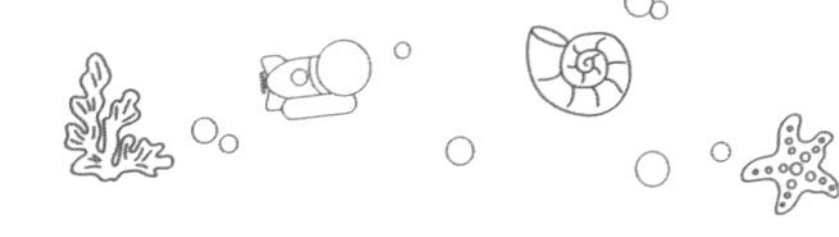

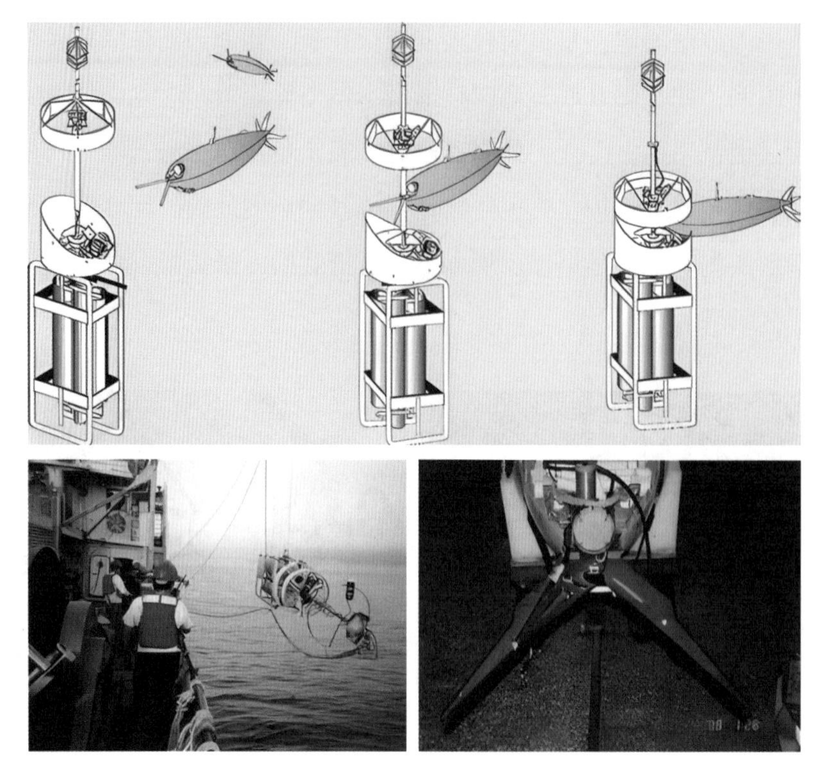

图5.24　杆形回收器

杆形回收器的重要特点是自主潜水器可从任何方向逼近，无须控制回收器在水平面内的方向或将方向信息发送给潜水器。通过简单地增加杆的回收段长度，杆形回收器即可方便地增加垂直孔径。这个特点大大简化了垂直面内的回坞作业。早期杆形回收器由自主海洋采样网络项目开发并成功验证。

5.2.3　航行控制

（1）自动定深回路和自动定高回路的结构

自动定深回路和自动定高回路在结构上是完全相同的，不同之处只在于传感器，如以深度计作反馈元件，就成为自动定深，若以高度计构成反馈回路，就是自动定高，两种回路不同时使用。图5.25为垂直控制框图。

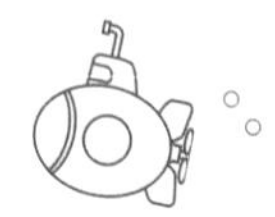

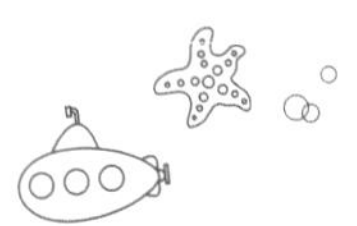

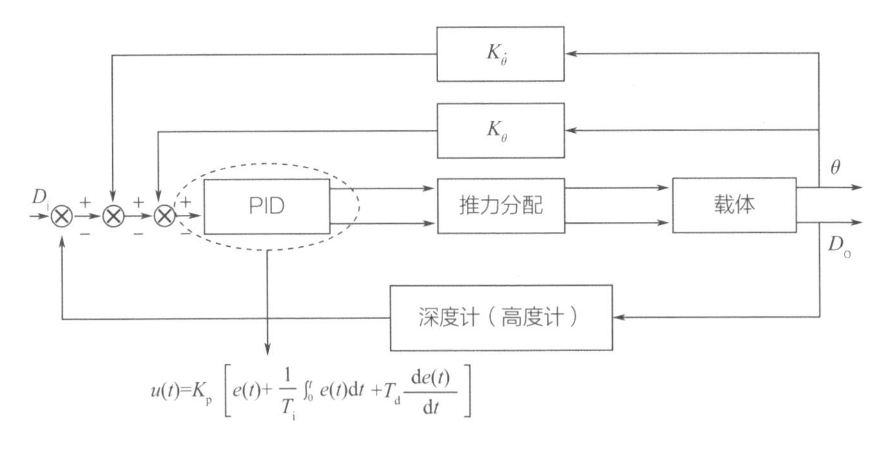

图5.25　垂直控制框图

图中，D_i为深度输入，D_o为深度输出，$K_{\dot{\theta}}$为纵倾角速率反馈的增益系数，
K_θ为倾斜仪输出的纵倾角增益系数

不同滑水器自动定深回路的结构是不同的。图5.25中采用了典型的PID调节器作为闭环系统的控制器，根据图5.25有

$$M_{yc}=K_p(D_i-D_o)+\int_0^t K_i(D_i-D_o)\mathrm{d}t+K_d+\frac{\mathrm{d}}{\mathrm{d}t}(D_i-D_o)+K_\theta\theta+K_{\dot{\theta}}\dot{\theta}$$

式中，K_p、K_i、K_d是调节器的系数。为了兼顾快速和精度，可根据误差信号的大小切换积分系数的取值。

$$K_i=\begin{cases}K_2 & |D_i \quad D_o| „ 0.5\text{m}\\ 0 & |D_i \quad D_o|>0.5\text{m}\end{cases}$$

在大误差信号状态(当深度误差大于0.5m时)下去掉积分环节，有利于提高系统的快速性；当深度误差小于或等于0.5m时，引入积分可以提高系统的精度。

如果位置反馈元件换成高度计，上述回路即为自动定高回路。由于两种回路传递函数的增益系数不同，因而需要适当改变校正环节参数。

在某些稳心高的较大的水下机器人中，因为存在着较大的扶正力矩，一般不会产生大的倾角。在这种情况下，可以去掉纵倾角和纵倾角速率反馈，而直接由深度计（或高度计）闭环。这时自动定深（定高）系统控制框图如图5.26所示。

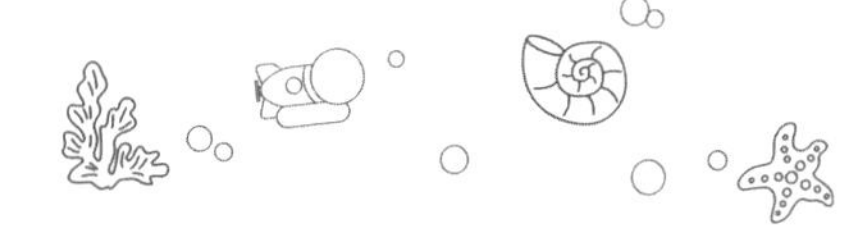

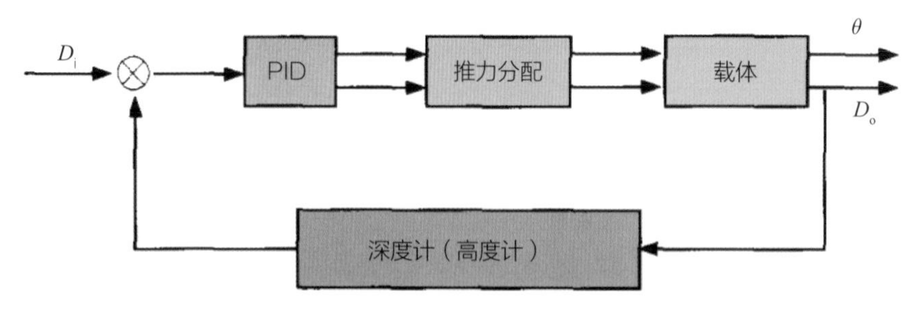

图5.26　自动定深（定高）系统控制框图

在对控制性能要求高的场合可以采用复杂的控制算法代替PID调节器。

（2）自动定向回路的结构

自动定向回路的功能是使潜水器自动保持给定的航向角。自动定向控制框图如图5.27所示，其回路结构类似于自动定深回路。在自动定向回路中引入了内环反馈，即角速率反馈。实践表明，角速率反馈在改善系统的闭环控制性能方面十分有效。

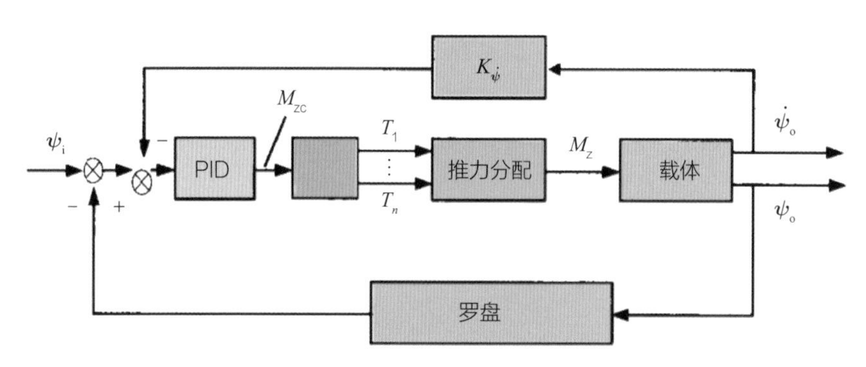

图5.27　自动定向控制框图

$$M_{zc}=K_p(\psi_i-\psi_o)+K_{\dot{\psi}}\dot{\psi}$$

（3）航行速度控制回路的结构

潜水器中常用的测速元件是计程仪。计程仪有两种：涡轮式计程仪和多普勒速度计程仪。航行速度控制回路以计程仪作为反馈传感器从而实现航行速度的闭环控制。涡轮式计程仪主要适用于海流很小的场合，如深海和洋底，它给出的是潜水器载体相对于海水的运动速度。在海流较大的场合，用涡轮式计程仪作反馈元件而实现的速度闭环是潜水器相对于海流速度的闭环，并不是潜水

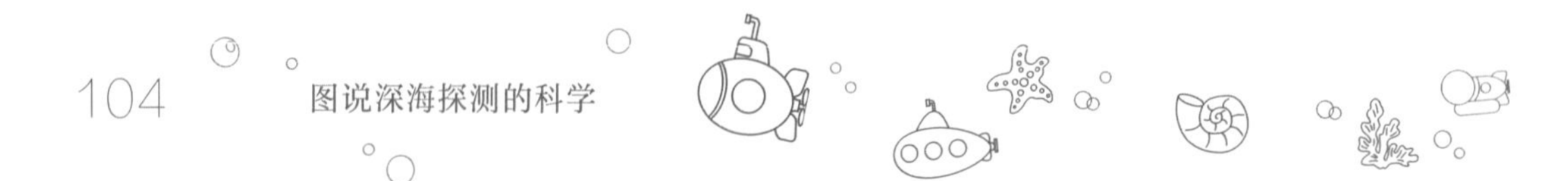

器相对于海底的闭环。涡轮式计程仪的缺点是精度低、死区较大。

用多普勒声学测速原理可以获得潜水器相对于涡流或层流的速度，对速度积分后就可以得到行程，这就是多普勒速度计程仪的基本原理。多普勒速度计程仪测速精度要高于涡轮式计程仪。速度闭环控制框图如图5.28所示。构成速度闭环后可以较为精确地控制潜水器在海底的航行速度。

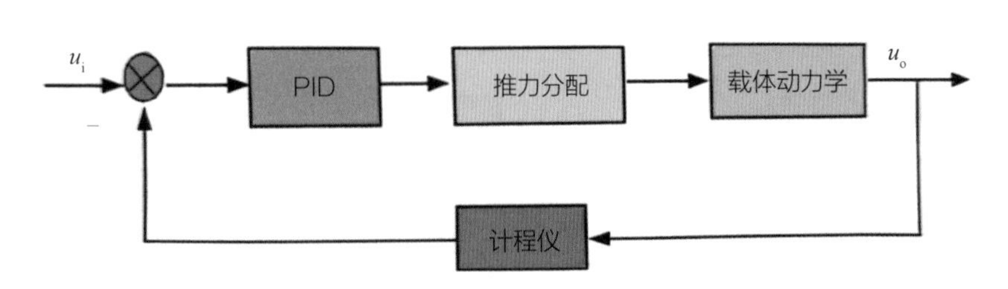

图5.28　速度闭环控制框图

（4）定位控制回路的结构

潜水器精确地进入某个平面位置并保持在该位置称为定位控制，有时亦称动力定位。这里所说的定位是指在水平面内两维闭环和自动定向，即在惯性坐标系中保持ξ、η和ψ不变，如图5.29所示。图5.30是实现这种定位控制的一个例子。

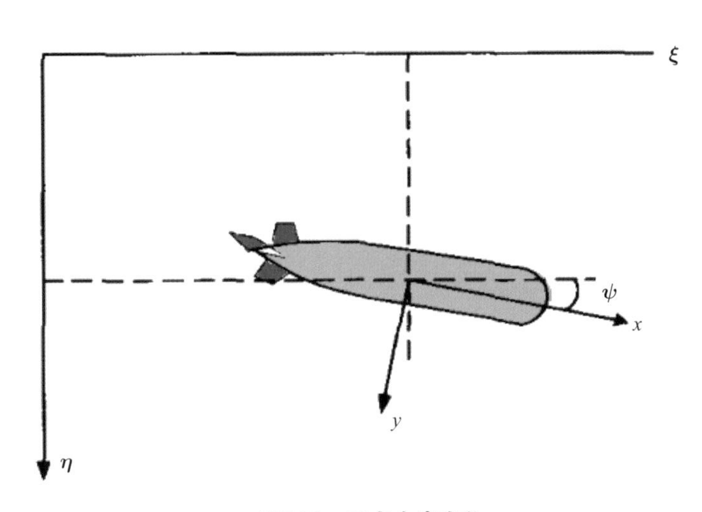

图5.29　三自由度定位

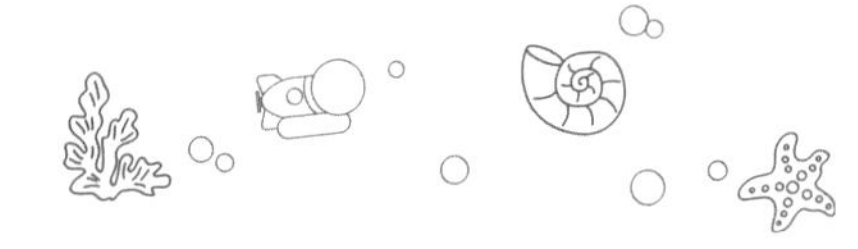

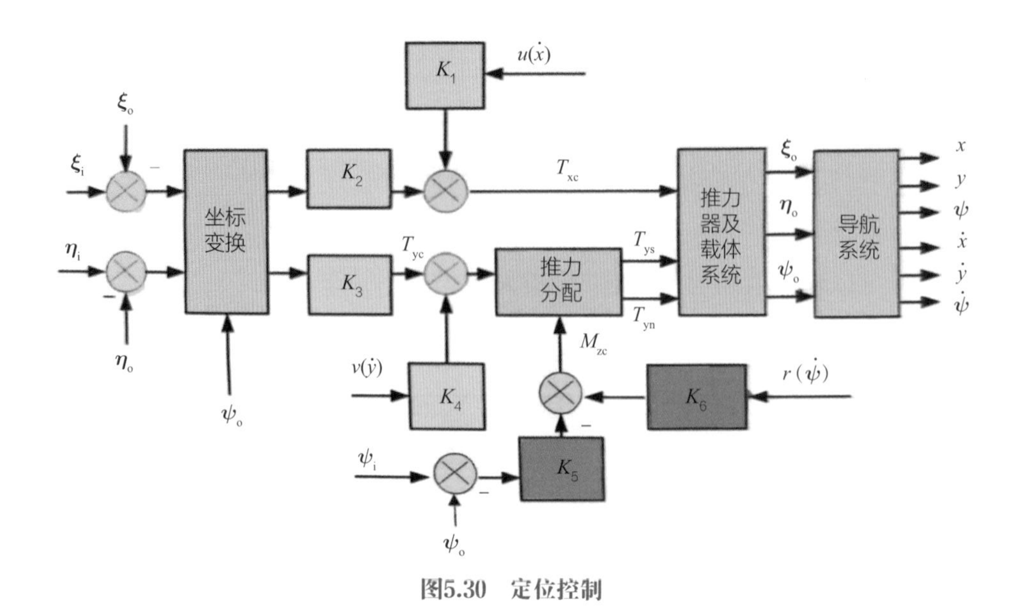

图5.30　定位控制

图5.30中各变量关系如下:

$$T_{xc}=K_2[(\xi_i-\xi_o)\cos\psi-(\eta_i-\eta_o)\sin\psi]-K_1u$$

$$T_{yc}=K_3[(\eta_i-\eta_o)\cos\psi+(\xi_i-\xi_o)\sin\psi]-K_4v$$

$$M_{zc}=K_5(\psi_i-\psi_o)-K_6r$$

推力分配:

$$T_{ys}=\frac{M_{zc}+aT_{yc}}{a+b}$$

$$T_{yn}=\frac{-M_{zc}+bT_{yc}}{a+b}$$

其中，ξ_i、η_i、ψ_i、ξ_o、η_o、ψ_o分别表示载体的位置，下标i表示给定值，下标o表示实际位置。

5.2.4　集群控制

随着AUV技术的快速发展，多AUV协同探测已经成为可能，并快速进入了深海探测领域。这无疑对AUV的控制技术提出了新的挑战，如果把AUV的航行控制定义为底层控制，那么AUV的集群控制应该是上层控制。AUV集群

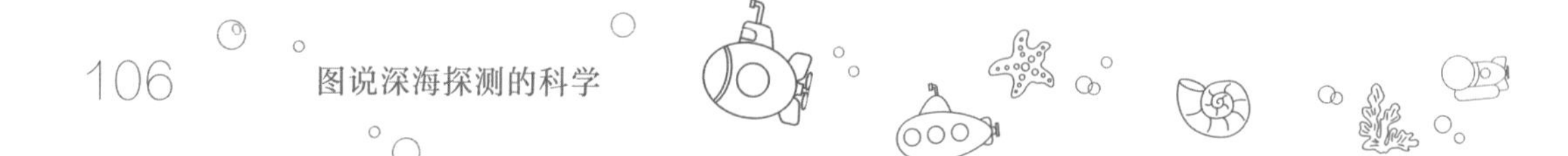

控制的难点在于多AUV在水面和水下通信带宽差异巨大的前提下实现快速感知和协同配合。为了使固有通信限制较为严重的水下网络能够完全自主地进行协同，麻省理工学院开发了一种操作嵌套自治结构，在每艘自主潜水器、设施集群和整个网络中整合了传感、建模和控制，如图5.31所示。水下网络连接由低带宽声通信提供；在水面上，网络连接通过定期上浮的网关节点由高带宽但存在延迟的射频(RF)通信提供。每个节点的计算机总线和以太网可以为传感、建模和控制过程提供带宽极高的通信。水平通信的三个层次所需带宽截然不同，从节点间声通信的100byte/min到节点内系统的100 Mb/s。

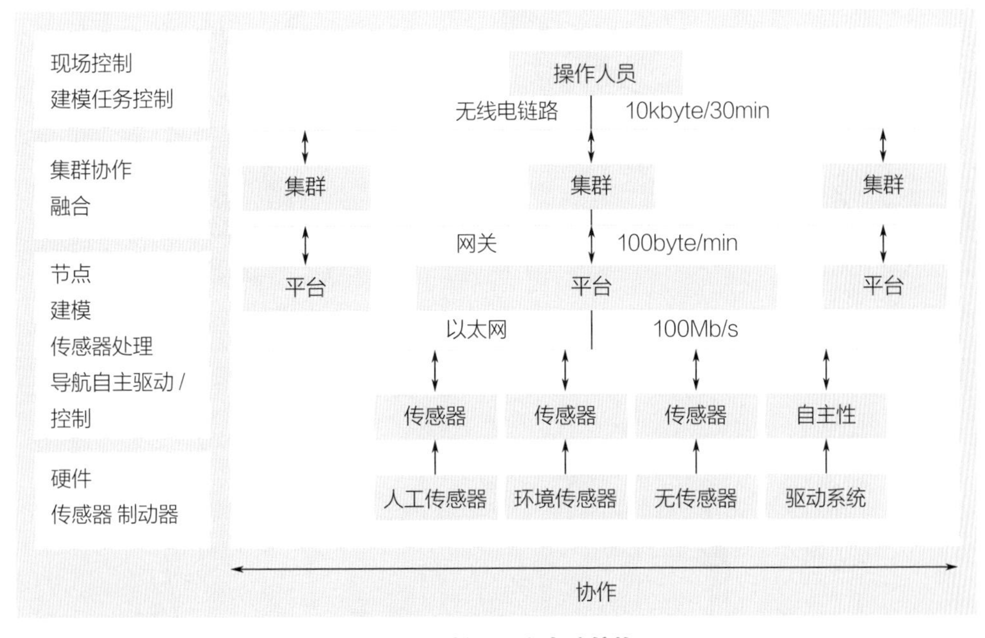

图5.31　操作嵌套自治结构

根据图5.31所示的分层集群通信基础设施，可以很自然地产生嵌套或分层操作概念，可以为分布式自治和集中控制提供一定程度的优化整合。

图5.32显示了一种现场级操作概念。AUV可以由操作人员通过海面通信网关或由集群完全自主地启动任务。确定了追踪方法和事件性质后，任务执行结果将以事件报告的方式反馈给操作人员。然后操作人员将所有可用信息以适合网络传输的格式打包，并发送至事件预计路径上的其他集群。现场控制的最终

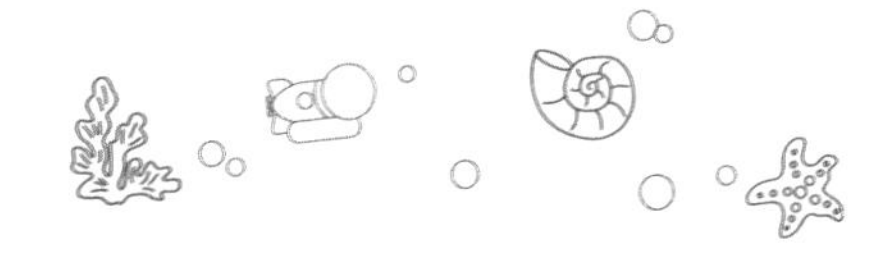

关键作用是整合事件路径上各集群的事件报告，逐渐累积，使事件追踪和描述越来越完整。根据可用设备，集群有多种组成方式，包括搭载化学、生物和声学传感器的滑翔机和AUV。如果有两个或更多节点追踪该事件，每个节点均可整合其他节点的事件信息并生成更精确的事件特征用于优化覆盖度或分辨率。因此，图5.33中的两艘AUV可以进行协同探测，以避免重叠并增加覆盖度。

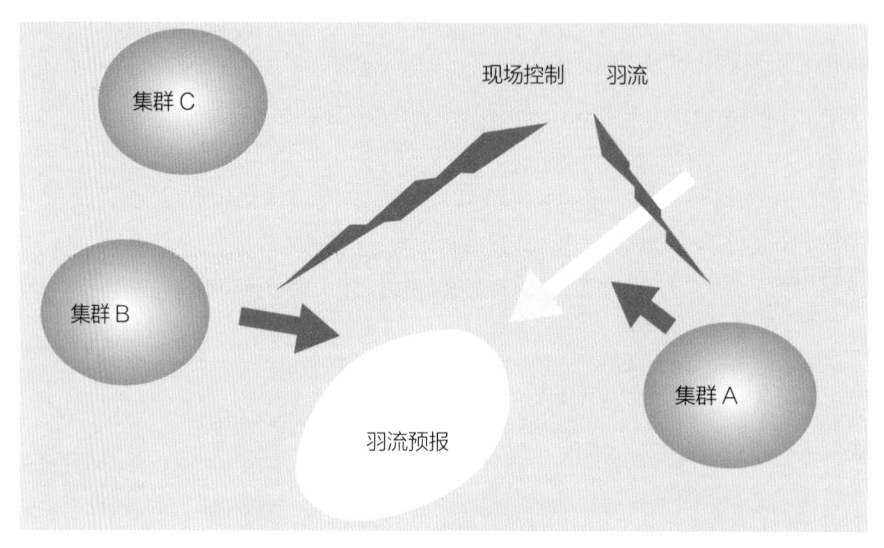

图5.32 现场操作概念

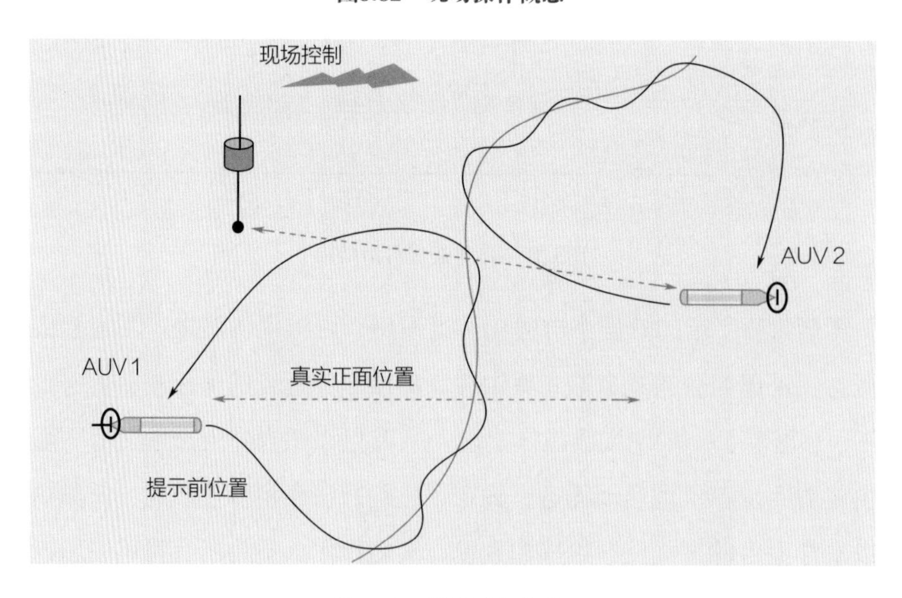

图5.33 集群设备作业

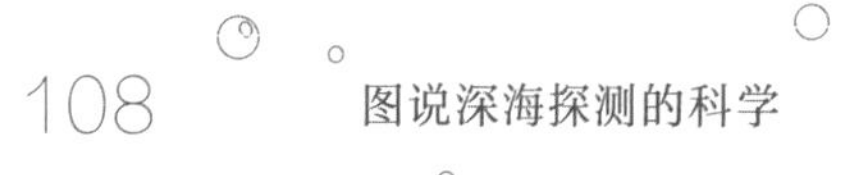
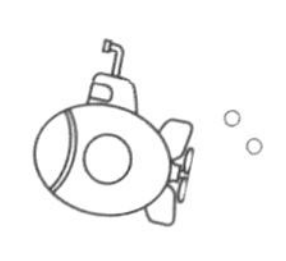
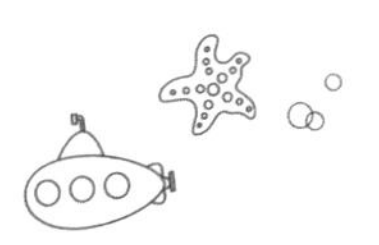

节点级操作概念适用于追踪温跃层，但也可以直接应用于其他海洋环境短期事件，如追踪热液羽流，此时协同自适应集群自治更为重要，可以同时提供精确定位、分类和追踪事件所需的分辨率和覆盖度。因而，网络首先必须探测和定位羽流，然后自适应追踪其边界，这种任务显然需要潜水器进行协同，以覆盖烟柱不断扩展的空间范围。图5.34为AUV对温跃层进行检测、分类、定位和追踪。

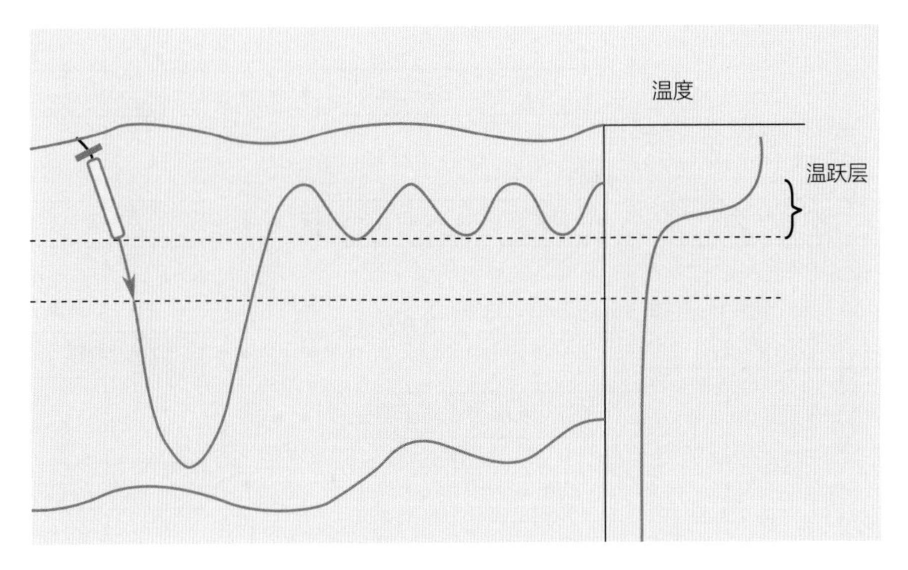

图5.34　AUV追踪温跃层

嵌套自治范式的核心是MOOS-IvP[包含区间规划(IvP)的面向任务操作软件包]，即每个独立平台上的自主传感、建模、命令和控制的整合框架。将节点自治与协同集群自治结合起来可以提供自适应能力，以补偿AUV物理传感器孔径较小的情况。

为了在使用不同控制软件的各种固定和移动节点上应用MOOS-IvP网络控制，可采用有效负载自治范式并与MOOS-IvP控制软件设备结合，然后整合在各种AUV和水面航行器上，如图5.35所示。

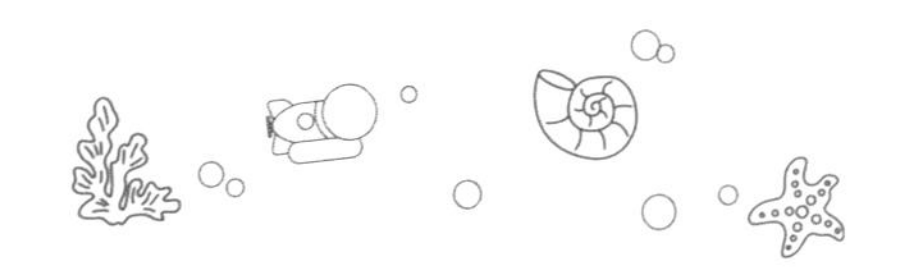

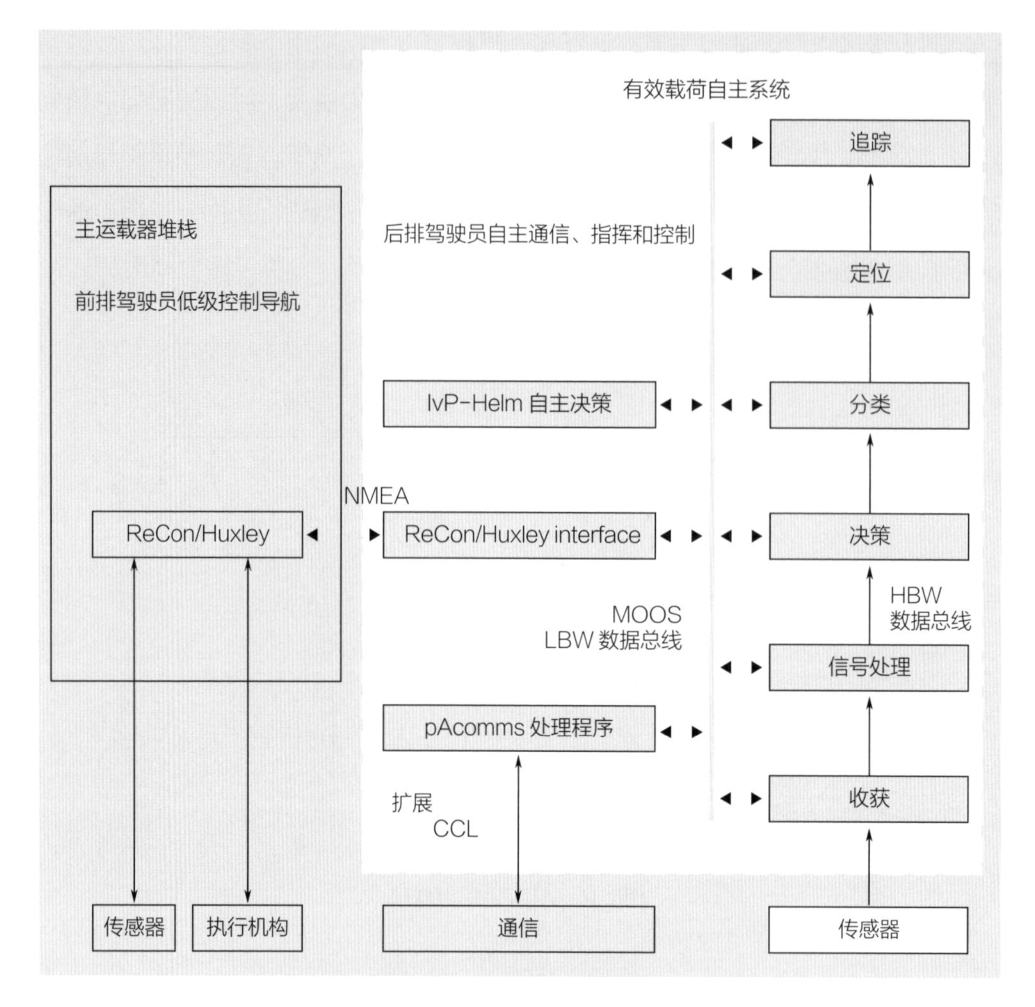

图5.35 有效负载自治范式

北约水下研究中心(NURC)、麻省理工学院(MIT)、伍兹霍尔海洋研究所(WHOI)和海军水下作战中心(NUWC)于2008—2010年合作进行了研究和一系列实验，主要目的是验证水下航行器网络作为多基地主动声呐追踪以及通信和控制网络接收平台的性能。这些实验设计不仅能采集多基地声学数据，还可以验证完全自主海洋映射及用于优化声学传感和通信的自适应自主行为，并且为MOOS-IvP通用平台自治提供了一个综合测试平台。

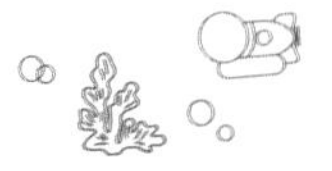

5.3 中国的深海AUV发展之路

5.3.1 中国深海AUV先驱

“探索者号”是我国自行研制的第一艘AUV，是国家“863计划”自动化领域部署的重点型号研制任务之一，潜深1000m，活动范围可达12海里（约22.22km），最大航速4kn，巡航航速2kn，续航时间6小时，可在四级海况下正常回收，能在指定海域搜索目标并记录数据和声呐图像，可对失事目标进行观察、拍照和录像，并能自动回避障碍，具有水声通信能力，可将需要的数据和图像传至水面监控台上进行显示。“探索者号”AUV如图5.36所示。

图5.36 “探索者号” AUV

在“探索者号”的基础上，中国科学院沈阳自动化研究所牵头与俄罗斯合作，成功研制了6000 m级深海 AUV（CR-01和CR-02），创造了我国AUV新的潜深记录。CR-01型AUV可以按照预定航线进行航行，在6000m深水下能够进行拍照、摄像、海底沉物目标搜索观察、海底多金属结核丰度测量、海底地势与剖面测量等。CR-01型AUV主要用于对矿产资源的勘测和开发。CR-02型AUV主要用于国际海底复杂环境下的海底矿产资源调查、作业海区现场海洋环境的测量、深海采矿场所的前期和后期调查，在某些特殊情况下还可作为定点调查设备使用，也可以用于失事舰船调查和深海科学考察。CR-01型和CR-02型AUV如图5.37所示。

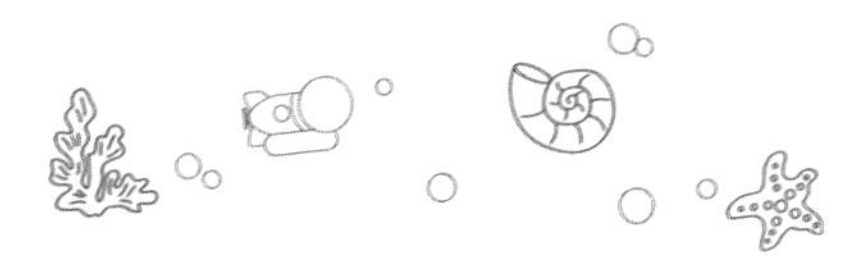

图5.37 CR-01型和CR-02型AUV

5.3.2 有龙在渊——“探索”“潜龙”系列的诞生

“十二五”期间，在国家海洋局和中国科学院的大力支持下，中国科学院沈阳自动化研究所针对深海资源调查和海洋科学研究的需求，分别构建了“探索”系列AUV和“潜龙”系列AUV两个技术体系。“探索”系列AUV主要用于海洋科学研究，包括“探索100”“探索1000”和“探索4500”等，如图5.38所示。

（a）“探索100”AUV

（b）“探索1000”AUV

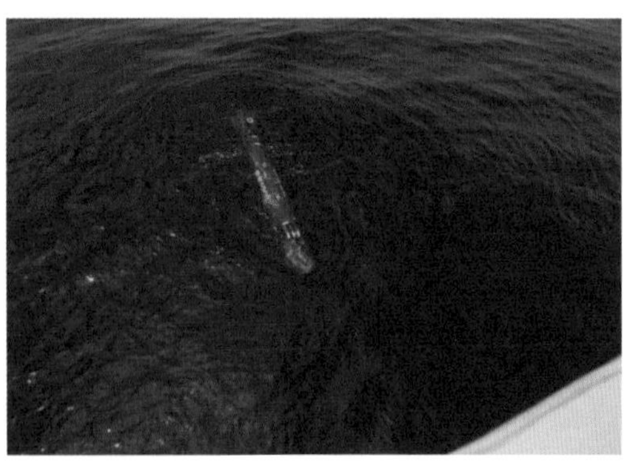

（c）“探索4500”AUV

图5.38 “探索”系列AUV

“潜龙”系列AUV是以海底多金属结核资源调查为目的，主要进行海底地形地貌、地质结构、海底流场、海洋环境参数和光学探测等精细调查。目前，“潜龙”系列成员有“潜龙一号”“潜龙二号”和“潜龙三号”，如图5.39所示。

（a）“潜龙一号”AUV

（b）“潜龙二号”AUV

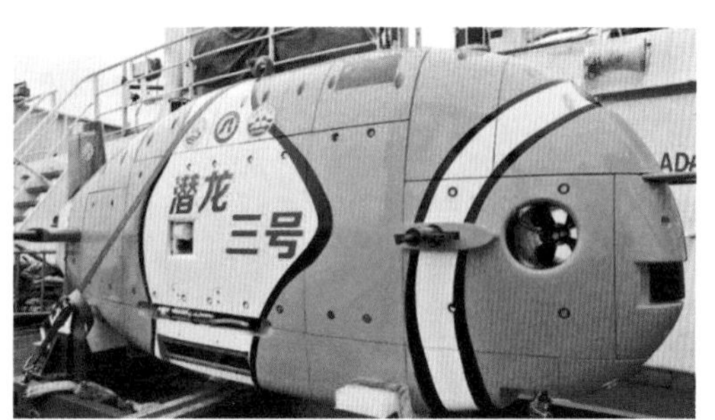

（c）“潜龙三号”AUV

图5.39 “潜龙”系列AUV

5.3.3 “智水”“探索”——百花齐放

“智水”系列AUV是哈尔滨工程大学水下机器人技术重点实验室研制的智能水下机器人，如图5.40所示，代表了我国军用AUV水平，具备自主浮力调节和安全自救能力，潜深300~2000m，航速7~20kn，在南海完成了2000m潜深探测应用试验，实现了海洋油气管道的自主探测、海底表面特征的自主探测、海底地形地貌自主探测等，可为海洋工程前期考察、施工监测和后期维护检测等提供实用化的海洋自主探测装备。目前，“智水”系列已研发了4个型号。

图5.40 “智水” AUV

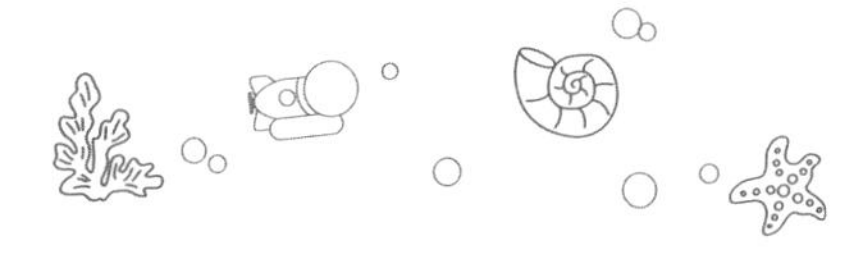

5.3.4 “悟空”大闹龙宫——走向万米深海

2021年11月6日15时47分，哈尔滨工程大学科研团队研发的“悟空号”全海深AUV（图5.41）在马里亚纳海沟“挑战者深渊”完成万米挑战最后一潜，最大下潜深度10896m，再次刷新下潜深度纪录。至此，“悟空号”继2021年3月刷新亚洲AUV深潜纪录后，完成了第四次超万米深潜，刷新了国际上AUV于2020年5月创造的10028m世界深潜纪录，这标志着我国AUV在作业深度上达到了世界领先水平。

图5.41 “悟空号”全海深AUV

5.4 AUV探测实例——集群温跃层与人工声源追踪

2010年8月13日，麻省理工学院和北约水下研究中心进行了内波探测试验，地点是第勒尼安海北部海岸盆地托斯卡诺群岛和意大利西海岸之间。试验的目的是使用嵌套自治和多艘AUV探测第勒尼安海是否存在内波。

该试验采用了一种全新的内波探测方法，两艘协同式AUV可以根据相对位置和动态环境自主改变其运动，在给定的有限任务时间内使采样效率更高，并且能采集完整的天气数据集用于探测内波。

内波探测试验使用了两艘运行MOOS自治系统的AUV，由IvP-Helm提供导航。试验过程中，AUV通过声通信收发实时数据和更新状态，并用于自主

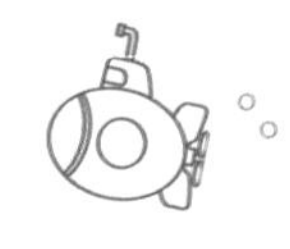

协同其在水平面的运动(通过追踪和跟随行为)。在纵轴上，Unicorn AUV采用自适应温跃层追踪行为可以自主适应环境变化，Harpo AUV(如果温跃层深度允许进行更可靠的声通信，则 Harpo AUV也可以自主适应环境变化)则在温跃层下方航行。2010年8月13日，在AUV的作业区域内沿着温跃层(深度约为11 m)存在浮力支持内波。对这个结论进行外推，可以认为在温跃层较为明显的夏季，托斯卡诺群岛海盆的其他区域内沿着温跃层很可能探测到内波。

试验使用的双基设备的实际信息、相应照片和示意图如图5.42所示。将可布放试验多基地水下监视源(demus)作为传输声呐脉冲信号的固定设备，由CRV Leonardo(Leo)拖曳的回声中继器(ER)记录并重新发送声源的声呐脉冲信号以模拟目标。接收器是宽带环境网络传感器(BENS)阵列，由“海洋探索者”(OEX)AUV拖曳。AUV沿着预定路径以1.2 m/s的速度航行，整个过程的脉冲信号数k=1~235，不使用新范式。AUV首先向西航行，沿着弧形路径逐渐转向，然后向东航行。

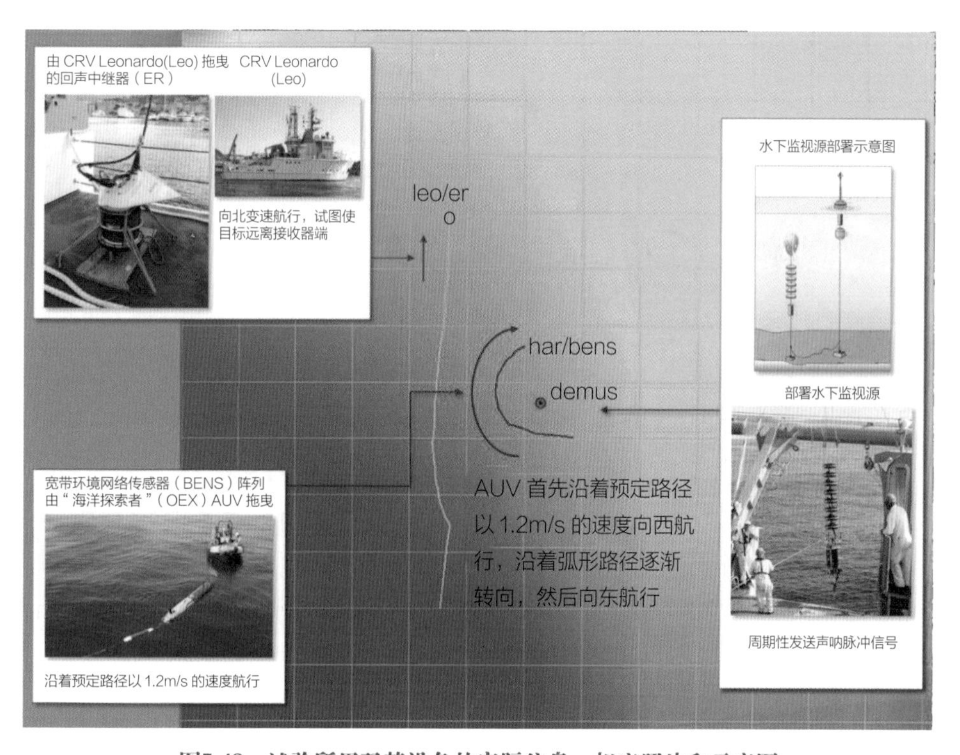

图5.42 试验所用双基设备的实际信息、相应照片和示意图

图中绘出了双基设备的笛卡尔坐标位置变化过程，其当前速度和航向由当前位置处箭头的长度和方向表示

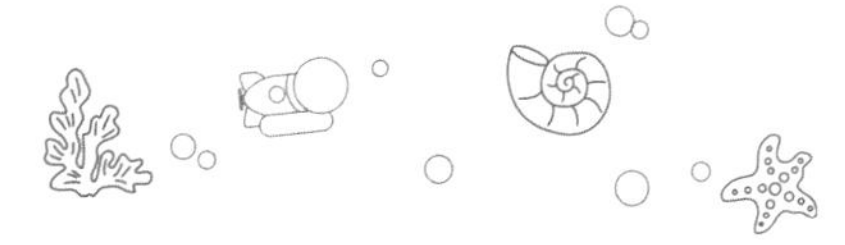

试验中，脉冲信号k=234时，自动感知的双基追踪结果如图5.43所示。图中明确绘制了确认路径、终止路径以及与路径相关的信息。对于回声中继器产生的确认路径，信息“t70:k=176/rank=2”说明70号路径从开始到结束经历了176个脉冲信号，在活动路径优先级中排名第2。该路径可以说明在过去的176个脉冲信号期间目标的估计状态。回声中继器的寄生脉冲信号产生了122号路径，这是由宽带环境网络传感器阵列的左右舷模糊所致。但这种寄生脉冲信号难以追踪，因为AUV经常机动，尤其沿着弧形路径逐渐转向时，导致路径不再满足自动感知假定的近恒速(NCV)目标动力学模型的要求。11号和413号路径显然由固定但未知的水下物体所致，该物体从试验开始就一直存在。AUV以目标速度航行，在70号路径获取了较好的目标追踪结果。

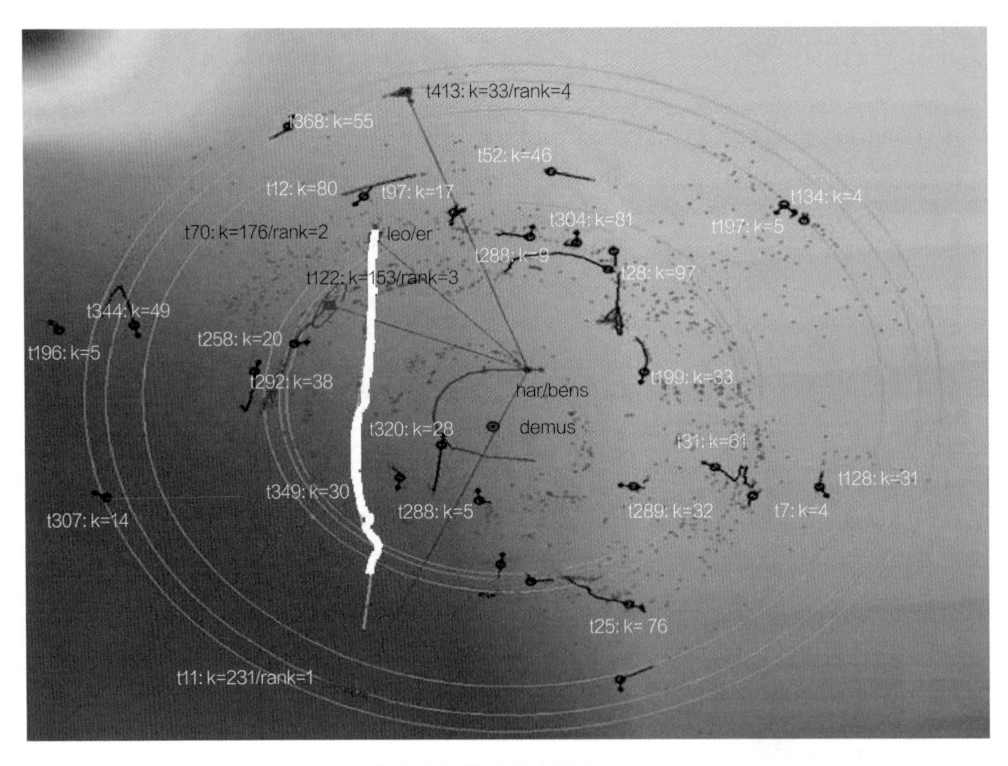

图5.43　自动感知的双基追踪结果（k=234）

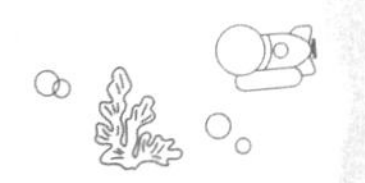

第6章

水下滑翔机

水下滑翔机(Underwater Glider，UG)依靠调节浮力实现升沉，借助水动力实现水中滑翔，如图6.1所示，是一种特殊的无人水下航行器，可对复杂海洋环境进行长续航、大范围的观测与探测，在全球海洋观测与探测系统中发挥着重要作用。

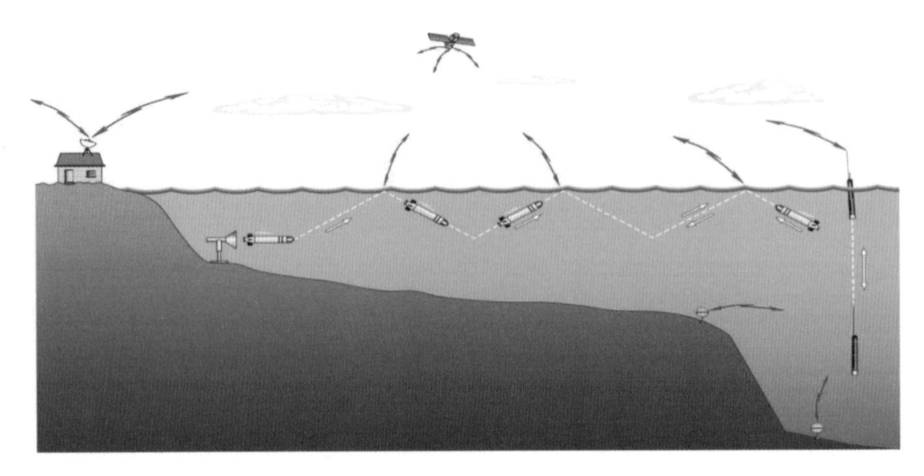

图6.1　水下滑翔机

6.1　发展历程

6.1.1　水下滑翔机的诞生

ALBAC是东京大学在1992年研制的用于进行海洋水文测量的水下滑翔机，也是第一台在没有螺旋桨系统的情况下滑行移动的原型滑翔机[1]，如图6.2所示。ALBAC主要由一个圆柱形的耐压壳体和一对提供升力的翼片组成。通过纵向和

[1] 本书中的“滑翔机”皆为“水下滑翔机”。

横向地移动重物改变重心的位置，ALBAC可以在消耗少量电池能量的前提下实现水平运动。其主要原理是，在水面附近，滑翔机通过纵向移动重物使滑翔机重心在前端，同时在水面附近滑翔机是负浮力的，因此会向下俯冲；在到达预定或一定深度后，滑翔机纵向移动重物使重心集中在滑翔机后端，同时通过一定方式改变体积，使滑翔机具有正浮力，因此滑翔机会向上爬升。

图6.2　ALBAC水下滑翔机

6.1.2　水下滑翔机的杰出代表

（1）Spray

Spray水下滑翔机服役于美国伍兹霍尔海洋研究所，可以在海洋中滑行，可以测量整个海域不同深度的海水温度、当前流速和其他参数，为更好地了解海洋环流模式及其对全球气候的影响提供数据支持。在应用过程中，Spray从海面循环到1000m水深，6小时内在水平方向上行进6km。其部署持续时间通常为3~5个月，具体取决于传感器套件、分层、潜水深度和分析速度。Spray长2m，重50kg，如图6.3所示，通过内部重型电池组的运动改变其质心来控制转向。Spray携带各种传感器来测量物理量，包括压力、温度、盐度、光学性质和速度。

图6.3　Spray水下滑翔机

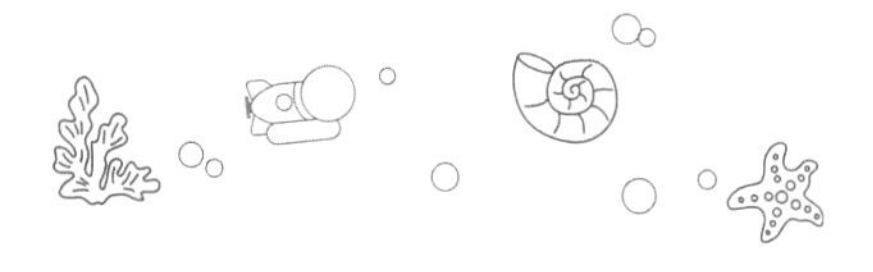

（2）Seaglider

华盛顿大学研制的Seaglider水下滑翔机能够在更广阔的海洋中航行数千公里，持续工作时间可达6个月，最大下潜深度为1000m，如图6.4所示。它最长的一次任务持续了5个月，航行2700 km。Seaglider已经航行通过了阿拉斯加海湾和拉布拉多海的许多冬季风暴，能够有效地进行测量工作，能在目标位置进行垂直采样（相当于一个虚拟垂直剖面仪）。

图6.4　Seaglider水下滑翔机

Seaglider的俯仰角度范围为10°~75°，它的GPS卫星天线装在尾部一根长约1m的杆子上，在浮出水面时，不需要辅助的浮力装置，天线就能高出水面，成功地获得GPS定位和通信信号。

（3）LBS-Glider

Littoral Battlespace Sensing-Glider（LBS-Glider）是Teledyne Brown Engineering为美国海军研制的水下滑翔机，通过自身携带的锂电池可持续工作30天，如图6.5所示。LBS-Glider是美国海军选择全速生产的第一个无人无缆潜水器（UUV）计划。LBS-Glider推动了海军的海洋研究工作并帮助其进行舰队演习。到目前为止，已有超过180架水下滑翔机交付。

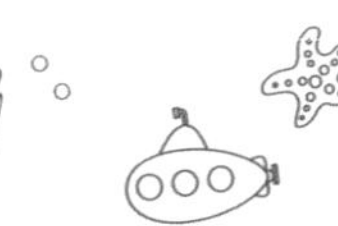

图6.5 LBS-Glider水下滑翔机

（4）ZRay

ZRay是由美国海军研究办公室资助，由斯克里普斯海洋学研究所、华盛顿大学应用物理实验室、美国海军太空和海战系统中心太平洋研究所研发的自主水下航行器。ZRay是一种6m宽的混合翼体滑翔机，于2010年研发完成，如图6.6所示。

ZRay通过安装在滑翔机前缘的声呐外壳中的27元素水听器阵列收集声学数据。“鼻子”和“尾巴”上也装有宽频声学传感器。长续航（1个月，1000km射程）滑翔机具有海洋学和潜在的反潜战应用。

图6.6 ZRay水下滑翔机

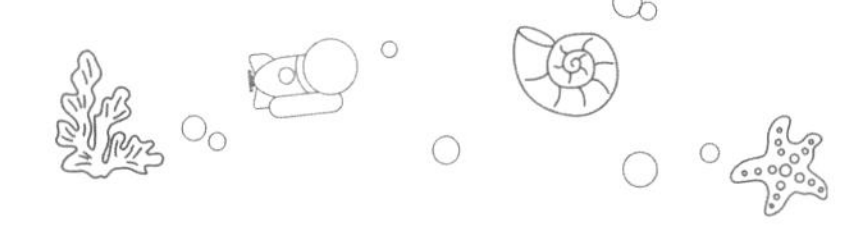

（5）Sterne

2009年，法国ENSIETA学院研制了用于极地冰层海域的大型混合驱动水下滑翔器Sterne。整机外形尺寸长4.5m，直径0.6m，总重达990kg，如图6.7所示，带水平机翼，在尾部加装螺旋桨推进器，实现多模式混合推进。同时，尾部的水平尾鳍和垂直尾舵可控。针对极地冰层水下无法使用GNSS导航定位系统的问题，研究人员提出了一种新的算法，并配合相应的运动仿真分析，以减小数据传输过程中出现的误差。

图6.7　Sterne水下滑翔机

（6）Sea Explorer

法国研制的Sea Explorer是一种混合推进水下滑翔机，如图6.8所示，在滑翔机的尾部加装螺旋桨推进器，实现多模式混合推进。Sea Explorer是一个功能强大的自动感应平台，旨在收集海洋水文信息，具有非常广泛的时空覆盖范围（数千公里，数周至数月的续航能力）。

图6.8　Sea Explorer水下滑翔机

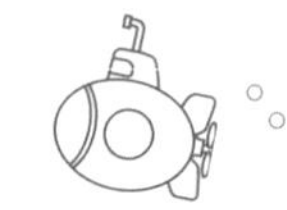

Sea Explorer水下滑翔机在海洋中自动导航，航行速度很低（约30公里/天），可以收集各种数据并向陆地基站报告。该新型滑翔机将在以下几个方面得到改进：潜深增大（高达5000m）；实现新颖的有效载荷架构，以增加自主性，并适应各种需要；集成控制和支持系统，用于单一和网络操作（任务行为、数据管理、规划、通信）。

（7）Slocum Electric Glider

Slocum Electric Glider水下滑翔机是由美国Webb Research Comp研制的一种高机动性、适合在浅海工作的水下滑翔机。它身长1.5 m，直径0.21m，能在4~200m的深度范围内以平均4m/s的速度航行30天以上的时间，如图6.9所示。天线内置于尾翼中，滑翔机在水面时，尾部气囊膨胀，使天线露出水面进行通信。

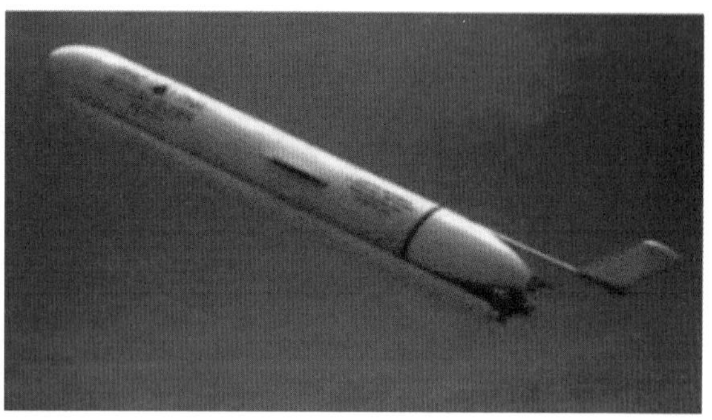

图6.9 Slocum Electric Glider水下滑翔机

Slocum Themal Glider是利用海水热差驱动的水下滑翔机，与同系列其他滑翔机不同的是，它的浮力引擎不靠电池驱动，而是从周围环境中利用大洋主温跃层铅直方向的温度梯度来获得能量，因此它的持续航行时间可以非常长，航程很大。其下潜深度范围受温度的限制，持续航行时间可达5年，航程可达30000km。Slocum Themal Glider在外形设计上与Slocum Electric Glider相似，只是在外壳上增加了用于热机工作的管子，使滑翔机所受的阻力有所增加。

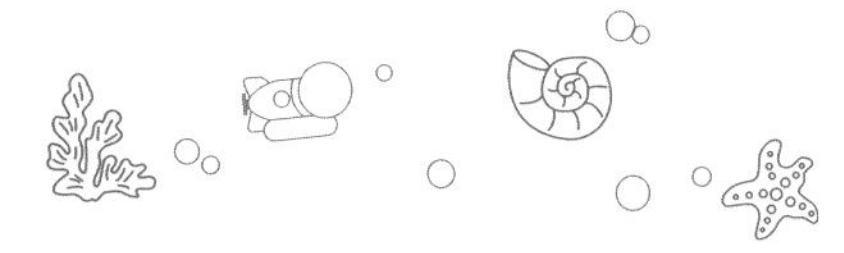

(8) Wave Glider

Wave Glider系统有两个组成部分：一个是大约冲浪板大小的表面运载器以及一个带有活动翼的系绳潜水器，它们悬浮在水面船的下方收集波浪能量以进行前进推进，如图6.10所示。Wave Glider 可以单独运行或在编队中运行并获得实时数据，同时，作为数据通信继电器，可以在不需要燃料的情况下运行长达一年。

图6.10 Wave Glider

6.2 水下滑翔机工作原理和关键技术

6.2.1 工作原理

水下滑翔机是一种借助水动力推进的有翼航行器，类似于空中的滑翔机。当通过流体介质时，克服阻力所需要的机械动力是由净浮力(正或负)形式的重力提供的。

因此，只有当滑行路径倾斜到与垂直净浮力方向(净浮力为正值时，向上滑行；净浮力为负值时，向下滑行)偏离水平面的滑翔角(图6.11)时，才会发生水平平移。滑行路径沿一定的滑翔角倾斜，使升力和阻力的净水动力在定常滑行中平衡净浮力。

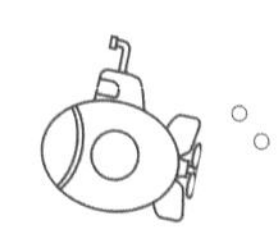

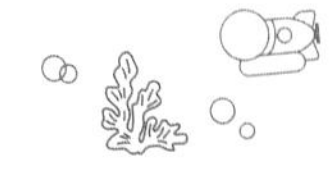

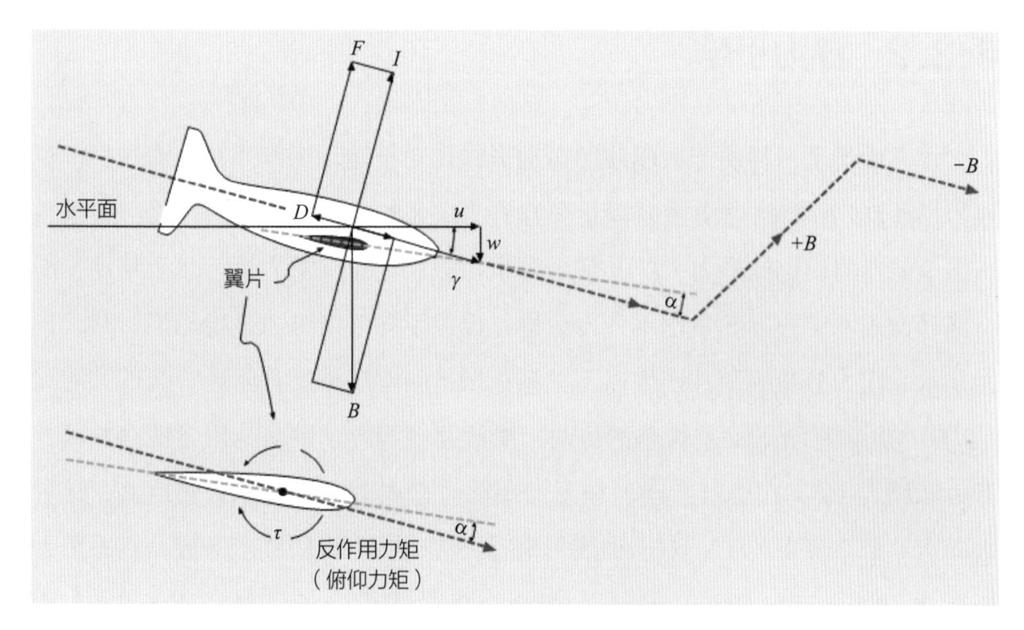

图6.11　水下滑翔机原理图

典型水下滑翔机的内部结构如图6.12所示。

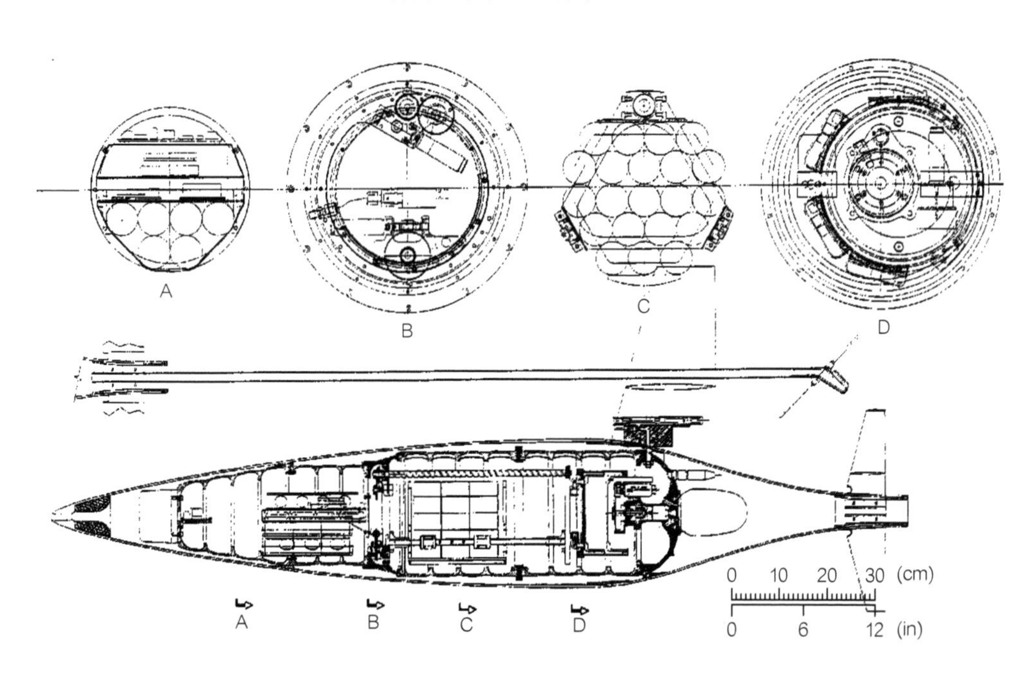

图6.12　典型水下滑翔机内部结构

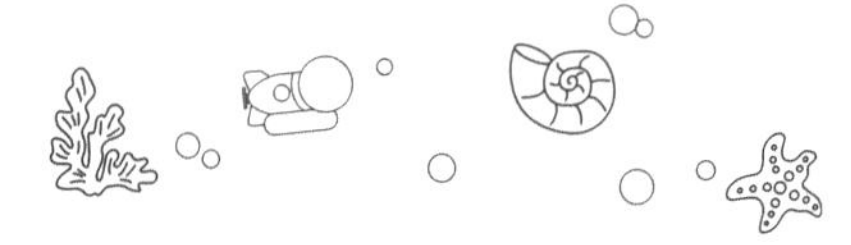

6.2.2 浮力引擎

水下滑行是一种由浮力驱动的运动形式。对于运动速度为U的滑翔机，克服阻力（D）所需的力由重力以正负净浮力（$\pm B$）的方式提供。翼产生垂直作用于航行器轨迹的升力（L），使滑翔机可以利用垂向重力进行水平移动。滑行路径偏离水平方向产生水平升力分量，提供了向前推进力。稳态滑行时，该力与水平阻力分量平衡并产生以下关系：滑行斜率等于反升阻比。翼的升阻比（L/D）也称为finesse。稳态滑行时，滑行路径偏离水平方向也会使净水动力升力和阻力（F）在垂直方向与净浮力平衡，这表明可产生净垂向运动，这种垂向运动即下降率（ω）。对于锯齿形滑行路径的各下降段或上升段，克服阻力所需的功率（$P_e = DU$）与向下或向上作用的重力的功率（$P_g = B\omega$）相等，即

$$P_g = P_e = DU = B\omega \tag{6.1}$$

浮力发动机可产生可变排水体积增量或净浮力体积$\pm V_b$，因而滑翔机的总排水体积为$V_d = V_s \pm V_b$，其中，V_s为滑翔机刚性壳体的体积。通过改变净浮力体积，浮力发动机产生可使正负状态发生转换的净浮力，$B = \pm\rho g V_b$。当$V_b = 0$时，水下滑翔机通常调整为接近中性浮力，这样滑翔机的平均密度就接近周围海水密度，$\bar{\rho}_s \to \rho$，净浮力减小至$B = \rho g\left(V_d - V_s\right) = 0$。除了滑翔机刚性壳体的体积和浮力发动机的排水体积外，滑翔机的总体积V_0还包含了空隙水（进入可自由浸入内部空间的水）的体积V_{void}。因而，滑翔机的总体积可表示为：$V_0 = V_s \pm V_b + V_{void}$。由于滑翔机的总体积是固定的，空隙水是净浮力体积的函数，$V_{void} = f\left(V_b\right)$，外壳必须能使空隙水与外部水流通。中性浮力下，滑翔机的总质量为$M_0 = \rho\left(V_s \pm V_b + V_{void}\right)$。

采用的浮力发动机技术有多种，包括基于液体的闭式回路浮力发动机、基于油的闭式回路浮力发动机，如图6.13所示，而长途滑翔机通常使用基于海水的开式回路浮力发动机。基于液体的闭式回路发动机的缺点是需要一直携带工作流体（油），使其净浮力约为基于海水的开式回路浮力发动机（如潜水艇浮

力系统）的一半。压力降低较多时，油还会发生从液体到气体的相变。在闭式回路系统中，当油从外部贮液囊输送至内部贮液囊以使滑翔机从深水上浮时，会出现这种情况。相变现象导致无法将外部贮液囊中的所有油排出。开式回路和闭式回路浮力发动机通常都由仅产生低水平间歇自噪声的小型电泵驱动，非常适合用于被动水下监测。

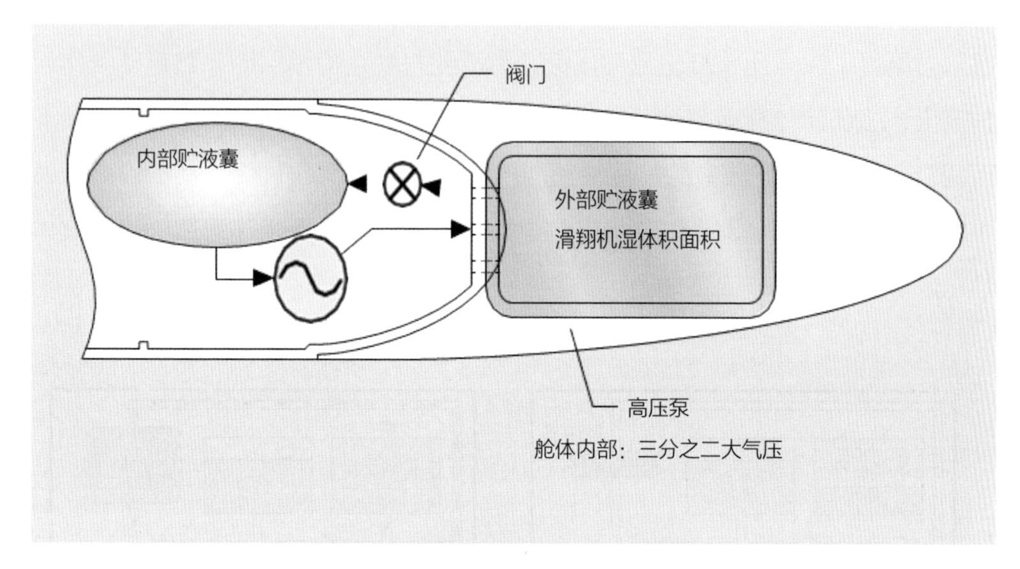

图6.13　闭式回路浮力发动机

6.2.3　温差能引擎

使用温差能引擎的滑翔机从表层温水吸收热量，使材料状态从固态转变为液态(熔化)，并在滑翔机穿越温跃层时将热量释放到深层冷水，使材料状态重新转变为固态(凝固)。热交换在管道内发生，管道沿着滑翔机长度方向分布，可为快速热流提供较大的表面积。几乎所有材料都具有正热胀系数，因而熔化导致体积增加，凝固导致体积减小(低于4℃的水是例外情况)。因为体积变化与滑翔机浮力发动机所需的相反，所以无法直接用于向前推进。相反，考虑到正热胀系数或者需要在半潜水周期储存膨胀/收缩产生的能量用于推进，热浮力发动机必须包含独特的设计特点。

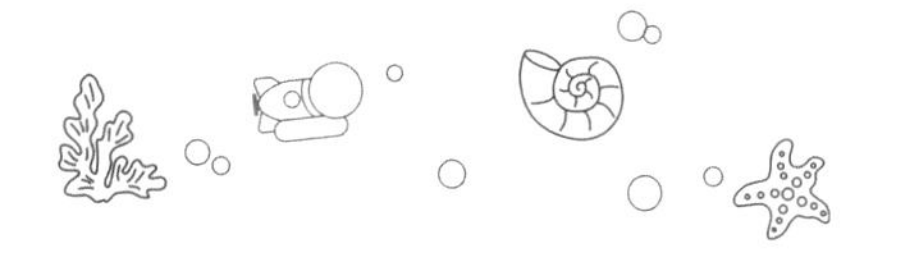

热力循环的四个阶段如图6.14所示。通过使热量流入或流出室1中的工作流体收集环境能量，室1在凝固时收缩，熔化时膨胀。所产生的功由传热流体在系统中传递，传热流体通常为矿物油。室2是蓄能器，由氮气对传热流体加压，使其压力大于最大外部海洋压力。图6.14(a)中，表层温水中的航行器处于稳定热平衡，氮气被压缩，外部贮液囊被充满，传热流体膨胀。下潜时，先打开三通阀[图6.14(b)]，将外部贮液囊中的流体排入内部贮液囊。保持壳体内部压力略低于大气压，产生流动压差。当滑翔机到达冷水层时，热量从工作流体流出，工作流体凝固收缩，矿物油从内部贮液囊被吸出。打开三通阀开始下潜[图6.14(c)]，蓄能器中的加压油流向外部贮液囊，滑翔机受力从负浮力变为正浮力。当滑翔机上浮[图6.14(d)]至温水层时，热量流入工作流体，工作流体熔化膨胀，矿物油流回蓄能器。

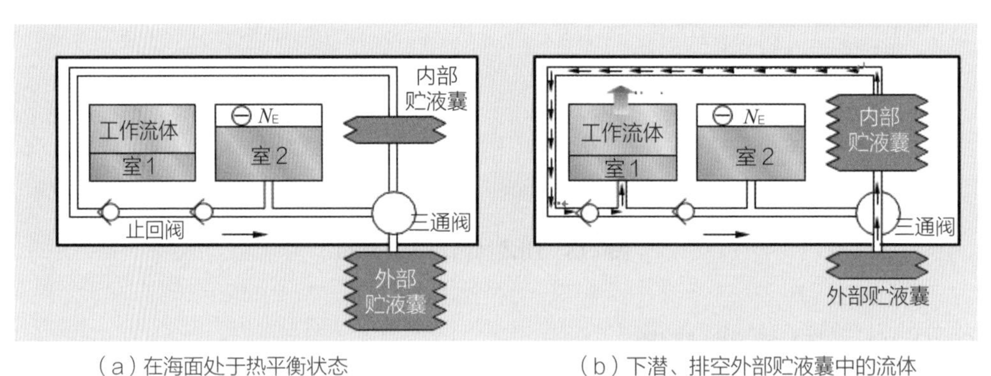

（a）在海面处于热平衡状态

（b）下潜、排空外部贮液囊中的流体并泵入壳体，液压蓄能器加压

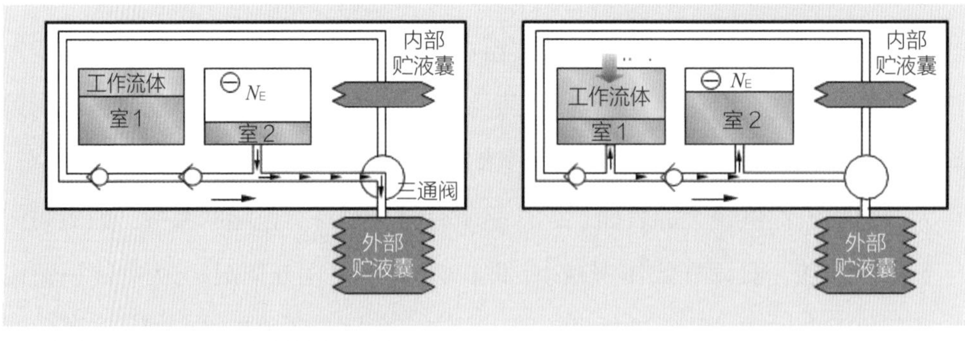

（c）到一定深度，工作流体凝固，并通过从液压蓄能器释放压力开始上浮

（d）利用熔化工作流体的热膨胀全速上浮

图6.14　热滑翔机热泵的热力循环

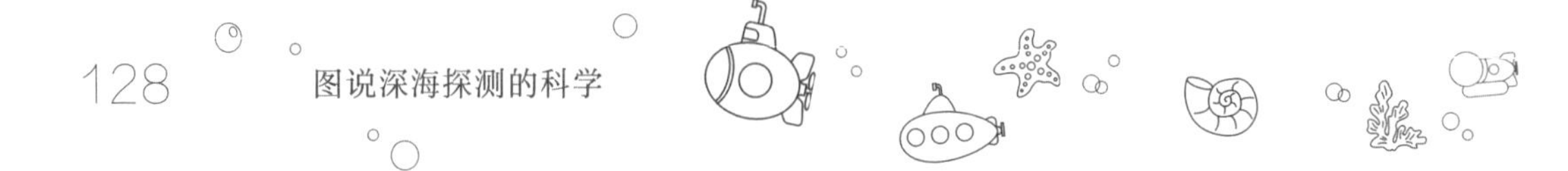

6.2.4 最优化结构设计

（1）水下滑翔机的高效性

从本质上说，水下滑翔机的推进运动是高效的。理论上，靠浮力推进的带翼滑翔机的效率要高于螺旋桨驱动的滑翔机，其根本原因是，翼的漩涡系统较为简单，使得克服阻力所需功率（P_e）较小。根据热力学第一定律，P_e可由流动动能耗散率给出。对于带翼航行器，在产生升力的过程中涡量占优，这种情况下，克服阻力所需的功率表达式可简化为

$$P_e=\mu\iiint\left[\left(\frac{\partial w}{\partial y}-\frac{\partial v}{\partial z}\right)^2\right]\mathrm{d}x\mathrm{d}y\mathrm{d}z \tag{6.2}$$

式中，μ为动力黏度系数；v、w分别为流体速度在y、z方向的分量。

而螺旋桨是旋转翼，在推进过程中会产生更为复杂的完全三维的尾涡螺旋系统。其克服阻力所需的功率表达式为

$$P_e=\iiint\left[\left(\frac{\partial w}{\partial y}-\frac{\partial v}{\partial z}\right)^2+\left(\frac{\partial u}{\partial z}-\frac{\partial w}{\partial x}\right)^2+\left(\frac{\partial v}{\partial x}-\frac{\partial u}{\partial y}\right)^2\right]\mathrm{d}x\mathrm{d}y\mathrm{d}z \tag{6.3}$$

式中，u为流体速度在x方向的分量。

可见，螺旋桨推进系统克服阻力所需的功率更高。

通过自然界中海洋哺乳动物推进系统的演化可以充分说明这一点。大多数鱼类，尤其是快速游泳的鱼类，如蓝鲸，其推进的基础是尾翼。对尾翼的自然选择并不是缺乏360° 旋转的能力，而是推进效率。

（2）水下滑翔机最小能耗比

所谓滑翔机运输效率是指滑翔机单位重量、单位水平滑翔距离下的总能耗。总能耗包括推进能耗（$P_e=DU$，D为阻力，U为运动速度）和控制系统、通信、数据处理、载荷能耗甚至布放回收等能耗。交通科学称之为运输经济性：

$$\mathrm{NTE}=\frac{P}{Bu}=\frac{P}{M_g u} \tag{6.4}$$

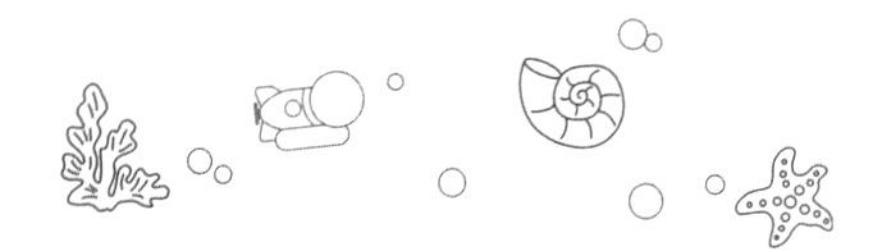

式中，P 为滑翔总时间平均功耗，$B=M_g$ 为滑翔机负载质量。NTE值越小说明运输效率越高。运输经济性公式仅基于克服阻力所需的推进能耗（$P_e=DU=Bw$）。

对滑翔机最优化设计产生影响的根本因素是推进能耗。滑翔机浮力发动机消耗能量以产生可变排水体积增量 $\pm V_b$ 用于向前推进，可导致点对点水平航行的只有滑动速度的水平分量 u。因而，水下滑翔机水平运输的能耗比为

$$E_e=\frac{P_e}{\rho\gamma V_b u}=\tan\gamma=\left(\frac{L}{D}\right)^{-1} \tag{6.5}$$

滑行效率 $\tan\gamma$ 等于升阻比的倒数 $(L/D)^{-1}$，可作为滑翔机点对点运输效率的物理度量。使滑翔斜率尽可能小，即可将能耗比降到最低。对于升力和阻力，与翼面积 A_0 密切相关，即

$$L=\frac{1}{2}\rho C_L A_0 U^2,\quad D=\frac{1}{2}\rho C_D A_0 U^2 \tag{6.6}$$

式中，C_L 和 C_D 分别是二次升力系数和阻力系数。阻力系数取决于雷诺数 Re 的剖面阻力项 C_{D0} 和随升力系数增加而增加、随翼的长宽比 N_R 增加而减小的有道阻力项 C_{D1}，即

$$C_D=C_{D0}+C_{D1}=K_0 Re_{N_A}{}^{-\xi}+K_1\frac{C_L^2}{\pi N_R} \tag{6.7}$$

式中，K_0 为翼的剖面形状系数；N_A 为总浸湿面积与翼面积之比，$N_A=A_1/A_0$；K_1 为翼的平面形状系数；长宽比 N_R 定义为 $N_R=S/\overline{c}=S^2/A_0$，$\overline{c}=A_0/S$，为翼的平均空气动力弦。

剖面阻力取决于幂律，对于滑翔机上的完全层流未分离边界层，$\xi=1/2$；对于完全湍流未分离边界层，$\xi=1/5$。雷诺数取决于尺寸的比例系数，$Re\equiv U\overline{c}/\upsilon$，其中 υ 是流体动黏度。由于滑翔机可视为流线体，取决于雷诺数的剖面阻力项近似于作用在总浸湿面积 A_1 上的摩擦力。假定滑行角较小，可以得到升阻比：

$$\frac{L}{D}=\frac{C_L}{C_D}=\frac{u^2}{K_3u^4+K_4}=\frac{1}{E_e} \tag{6.8}$$

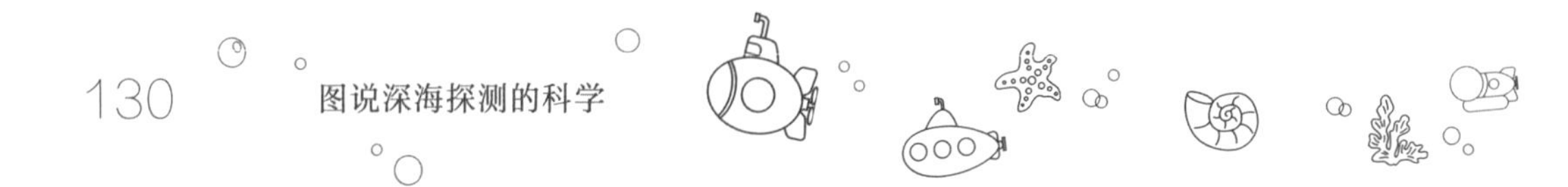

式中：

$$K_3=\frac{A_0}{2gV_b}K_0Re^{-\xi}N_A \tag{6.9}$$

$$K_4=\frac{2gV_b}{A_0}\times\frac{K_1}{\pi N_R} \tag{6.10}$$

令$\partial(L/D)/\partial u=0$，使升阻比达到最大速度为$U=(K_4/K_3)^{1/4}$，其中

$$\frac{L}{D}=\frac{1}{2}(K_3K_4)^{-1/2}=\frac{1}{(E_e)_{\min}} \tag{6.11}$$

显然，使滑行角等于近似值（$L\approx B=\rho gV$），还可以将雷诺数简化为

$$Re\equiv\frac{U\ \bar{c}}{\upsilon}\cong\frac{1}{\upsilon}\left(\frac{2gV_b}{C_L N_R}\right)^{1/2} \tag{6.12}$$

可以得到

$$(E_e)_{\min}=2\left[\frac{\upsilon^{\xi}K_1K_0C_L^{\xi/2}N_A}{\pi(2gV_b)^{\xi/2}N_R^{1-\xi/2}}\right]^{1/2}=\left(\frac{L}{D}\right)_{\min}^{-1} \tag{6.13}$$

可见，滑翔机的最小能耗与滑翔机的升力、阻力的比值密切相关。

（3）结构优化

式（6.13）得到最小能耗比随着净浮力的增加而减小。原因是净浮力为滑翔机总体积V_0的系数n_b，且$V_b=n_bV_0$，驱动滑翔机的浮力越大通常运输效率越高。实际上，对自然和人造飞行物的研究表明，能耗比随着尺寸(12个数量级)的增加而单调减小。水下滑翔机更关注尺寸优势，由于大尺寸的装载效率高，具有经济性，且浮力体积系数n_b随滑翔机体积的增加而增加，$n_b\approx1.2\times10^{-5}V_0^{7/6}$。$n_b$越大，滑行速度越高(速度随净浮力增量平方根的增加而增加)，翼截面雷诺数越大，从而翼截面升阻比越大。

式（6.13）也说明能耗比随翼长宽比的增加而减小，因为$N_R^{-(1-\xi/2)/2}$对于翼弦相对较小的长锥形翼展更有利。剖面滑翔机的最大长宽比为Spray的9. 75，最小为Seaglider的4.4。能耗比随升阻比（L/D）的增加而减小，但如果为了达到高长宽比而使翼截面弦太小的话，升阻比会迅速减小。研究表明，当翼截面雷诺数降低至5×10^4左右时，会出现这种升阻比危机。产生该现象的原因是，翼截面吸力侧发生层流分离，破坏了大部分升力。

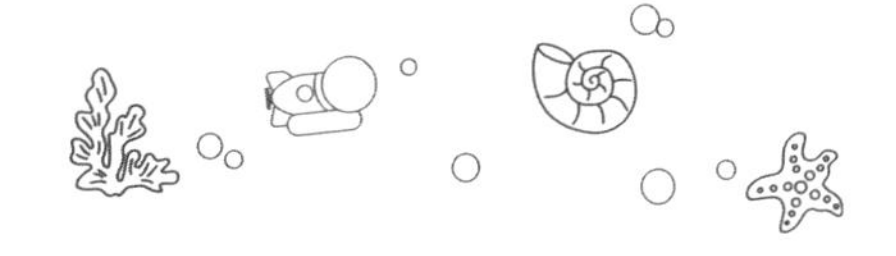

增加翼的长宽比以减小能耗比，不仅受雷诺数的限制，还受材料强度性质的限制。对于给定翼面积，随着翼的长宽比增加，平均翼弦和翼截面雷诺数均减小，根据风洞测量数据，会导致翼截面的最大升阻比减小。如果通过增加翼展来增加长宽比，则翼的重量F_w（$F_w \approx S^{5/3}$）会增加。随着翼的重量增加，翼截面的厚度与弦之比（$\bar{t}/\bar{c}$）也会增加，$\bar{t}/\bar{c} \approx S^{1/6} \approx V_0^{1/9}$，以提供足够的展向抗弯强度和抗扭刚度。如果为了满足大长宽比翼的强度要求而使$\bar{t}/\bar{c}$过大，则翼截面的最大升阻比将进一步减小。

在滑翔机的所有几何性质中，浸湿表面积与翼面积之比$N_A=A_1/A_0$对能耗比的影响最大，能耗比增加为$N_A^{1/2}$，见式（6.13）。这表明设计时将重点放在减小N_A上可最大限度地提高水平运输经济性。作为水下滑翔机的标杆，Seaglider的N_A为2.1。但N_A较小的是飞翼和翼身融合体几何外形，如鸟类，通常其N_A为2.2~2.4。将滑翔机体积集中在翼本身所带来的其他好处是，翼面积较大可减小C_L和相关的诱导阻力（E_e最小时的最大阻力分量）。式（6.13）表明，能耗比与$C_L^{\xi/4}$成正比增长。但无限增加翼面积以实现较小的C_L与大长宽比N_R是互斥的。式（6.13）中的系数$C_L^{\xi/2} / N_R^{1-\xi/2}$表明，受上述结构限制的影响，与相同比例的$C_L$相比较，较大的$N_R$可使$E_e$减小更多。

对滑翔机特征可进行四个不同方面的调整，使水平运输的能量效率高于剖面滑翔机：

①对于给定内部体积，尽量增加浮力发动机的体积。

②制造更大型的水下滑翔机。

③减小滑翔机总浸湿面积A_1与翼面积A_0之比。

④尽量增加翼的长宽比而不减小翼弦，使滑翔机可以在雷诺数为5×10^4附近航行。

可通过模仿鸟类、设计具有飞翼或翼身融合体外形的水下滑翔机来减小浸湿面积。

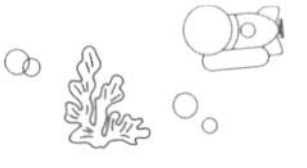

6.3 我国的水下滑翔机发展之路

6.3.1 风雨中起飞的“海燕”

2001年起，天津大学水下机器人团队开始进行水下滑翔机技术的研发，后来在国家“863”计划等项目的支持下，历经二十多年的科研攻关，先后成功研制出三代水下滑翔机，填补了我国在这一领域的空白。目前，“海燕”系列成员有海燕、海燕Ⅱ、海燕4000以及海燕10000，如图6.15所示。2022年，“海燕号”水下滑翔机又实现了多项技术的重大突破，一是首次使用水下滑翔机实现15天连续水下作业并安全回收，完成上浮下潜共160余次，突破浅水自救与远程定向控制等难题，实现岛礁间穿梭，离岸最近1海里（1.852km）；二是形成了水下滑翔机操控技术方法，实现了西沙海域大范围、长航程的水文多要素观测，共获取温盐深、溶解氧剖面160个、海流剖面190km，最大下潜深度达600m，建立了该海域的水文环境模型，助力西沙生态环境监测、南海中尺度涡等研究；三是完成水下滑翔机组网的能力测试，使其具备多数量、多类型潜器组网能力。

图6.15 “海燕”系列水下滑翔机

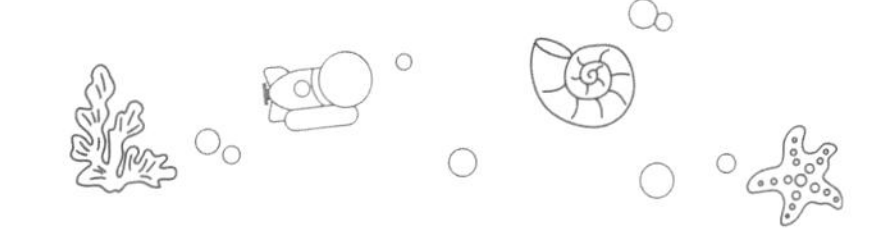

6.3.2 中国龙家族的新兵——“翼龙”系列

由中国科学院沈阳自动化研究所作为总体单位，联合国家海洋局第二海洋研究所、国家深海基地管理中心，共同承担了中国大洋协会“十三五”技术研发类课题：面向大洋调查的水下滑翔机研制与应用。该项目从实际应用需求出发，针对海洋矿产资源调查和硫化物矿区热液异常普查的特点，创新地提出了一套基于海洋勘探和硫化物矿区热液异常普查的水下滑翔机的总体技术方案，取得了较好的突破，并成功开发了具有完全自主知识产权的两型4架用于勘测的水下滑翔机：“翼龙1000”两架、“翼龙4500”两架，如图6.16所示。“翼龙1000”水下滑翔机为我国大洋矿区大型浮游生物和小型群体动物分布调查提供了新的技术手段和平台。“翼龙4500”水下滑翔机在大洋硫化物矿区热液异常点普查方面为硫化物矿区热液活动普查提供了高效、精细化调查技术手段。“翼龙”系列水下滑翔机为矿区水域自主勘探提供了一种全新的自主勘测设备，对提高海洋勘探的自主性和有效性具有重大意义。首批“翼龙号”水下滑翔机已于2020年交付国家深海基地管理中心正式投入应用。“中国龙”家族的新兵——“翼龙号”系列水下滑翔机的加入进一步提高了我国深海资源探测的实力。

图6.16 “翼龙”系列水下滑翔机

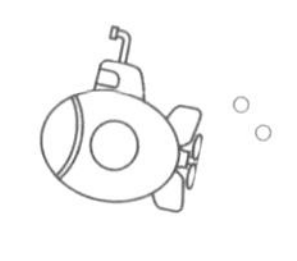
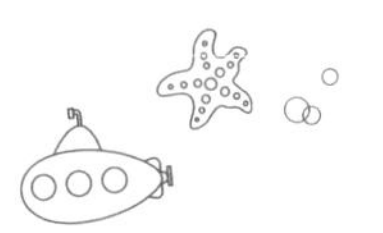

6.4 滑翔机探测实例——海洋自主采样试验

自主海洋采样网络（AOSN）由Curtin等人在1993年提出，用于动态测量现场的海洋环境和时空梯度分辨率。AOSN的理念是布放自主水下航行器进行测量并作为分布式点传感器（如系泊装置和像卫星这样的远端传感器）的补充，实现自适应采样以提高预报能力。2003年，AOSN Ⅱ项目首次将这些技术整合在一起，采集到了前所未有的数据集。ASAP项目于2006年完全整合了这些技术且效果更好，验证了其在多用途高性能自适应海岸观测和预测系统中的应用潜力。所得到的方法经过整合和验证，适用于各种环境监测问题和环境背景。

图6.17显示了2003年8月6日和7日海试时滑翔机三角形编队的一系列位置，图6.17（a）和（b）分别是深度为10m和30m时的温度测量值。从图中可以看出，三艘滑翔机能够保持编队，沿着合适的线性路径移动，高速海流时除外。图中的红色箭头为几个例子，显示了滑翔机估算的负温度梯度。这些矢量指向冷水方向，并由其他温度测量设备进行了验证。随着时间推移，滑翔机间隔3km所对应的分辨率使梯度估计非常平滑。

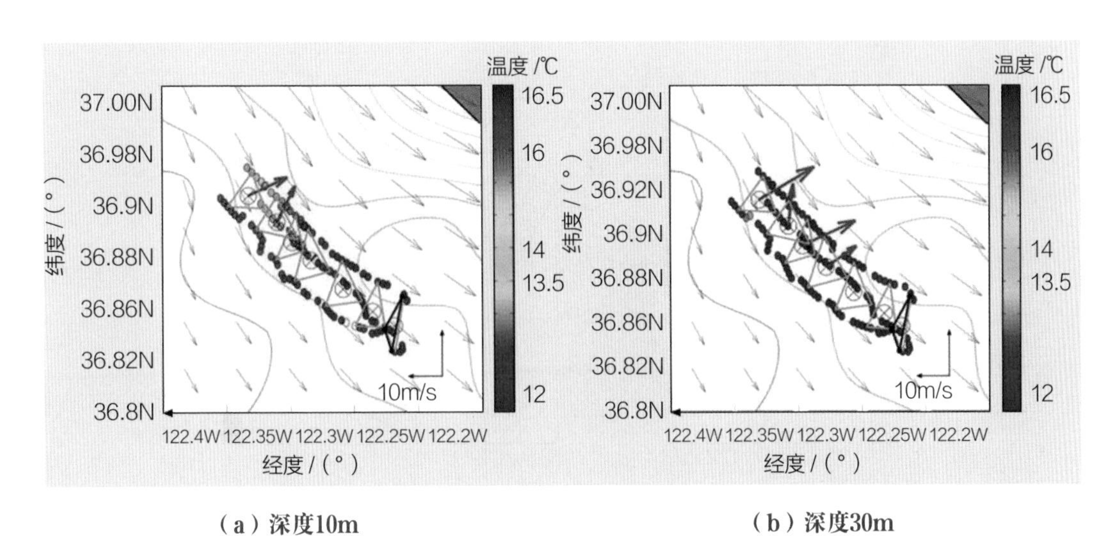

（a）深度10m　　　　（b）深度30m

图6.17　滑翔机三角形编队的位置

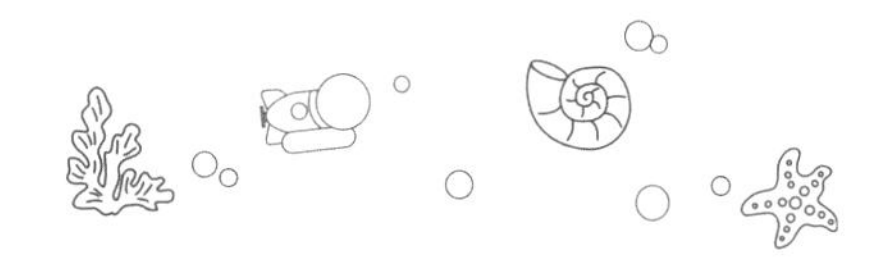

图6.18给出了AOSN Ⅱ滑翔机协同采样结果。图中，轨迹为探测装备的测线，其中绿色轨迹为Spray滑翔机测线，白色轨迹为Slocums滑翔机测线。

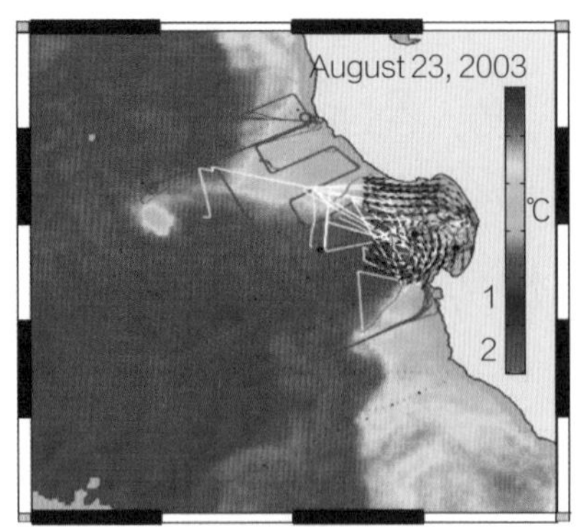

（a）水面平台测量温度场

（b）滑翔机测量温度场

图6.18　AOSN Ⅱ滑翔机协同采样结果

2006年夏，ASAP项目的多学科研究小组基于AOSN Ⅱ项目的成果进行了一次全新的现场实验。ASAP项目旨在验证全尺寸自适应海洋采样网络，这是一个滑翔机协同网络，在蒙特里湾西北一片范围为22km × 40km、深度超过1000m的沿海海域进行了为期一个月的有效自主采样，如图6.19所示。滑翔机协同采样使用了多种移动和固定传感平台、三个实时数值海洋模型、数值优化和预测工具以及虚拟控制室。

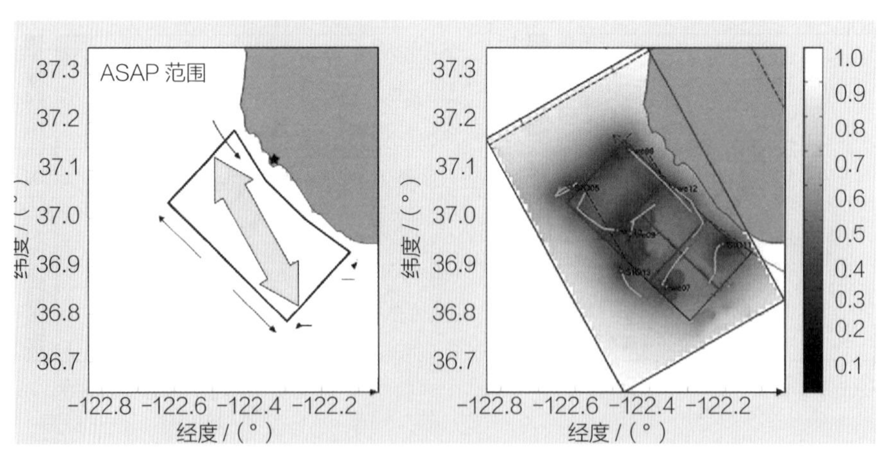

（a）滑翔机编队的作业区域　　　　（b）对象分析映射误差

图6.19　ASAP现场实验采样结果

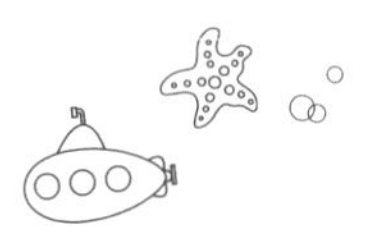

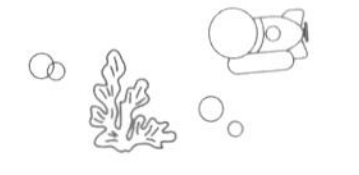

ASAP实验分配给Slocum滑翔机的任务是使用自动协同采样和通过插值得到的测量路径性质对内部空间进行映射。Slocum滑翔机的自动反馈控制律通过滑翔机协同控制系统执行。分配给Spray滑翔机的任务是对研究空间的边界进行映射。将边界分段，每艘Spray滑翔机以摆动方式沿着一个边界段移动，针对这种摆动行为使用了单独的控制，使滑翔机能合理分布。实验首先使用默认协同运动模式，随着环境和工作条件变化，需重新设计和更新协同运动模式。如图6.20（a）所示的滑翔机协同轨迹（Glider Cooperative Trajectory, GCT）2号（GCT#2）定义的模式为：用红圈表示的两架滑翔机以最大间隔沿着红色曲线移动，用绿圈表示的另外两架滑翔机以最大间隔沿着绿色曲线移动，两组滑翔机保持同步。图6.20（b）为7月30日23:10时（格林尼治标准时间）的虚拟控制室滑翔机计划状态图，此时GCT#2已经使用。

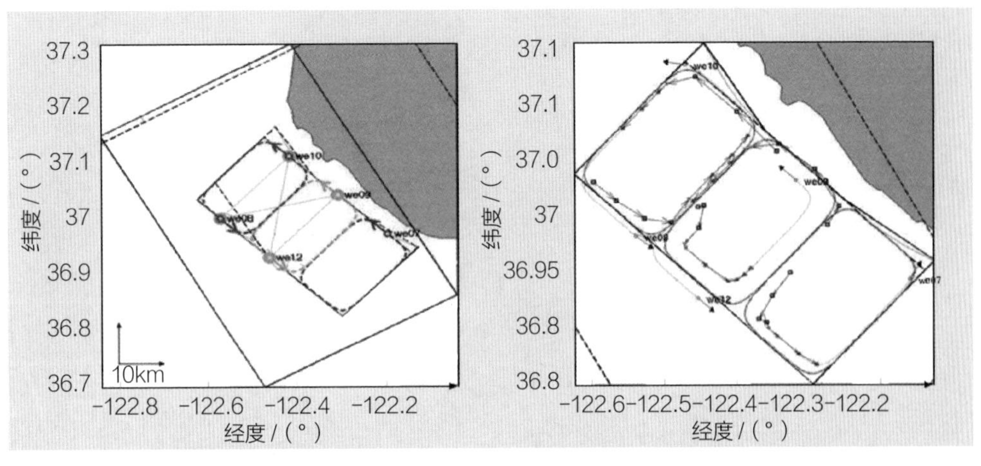

（a）滑翔机的协同模式 **（b）虚拟控制室图的快照**

图6.20 Slocum滑翔机对内部空间进行映射

选择伪椭圆曲线用于Slocum滑翔机，因为边较长且接近直线，曲线的方向可以保证滑翔机反复越过陆架坡折（陆架坡折指大陆架外缘向深海底转折处坡度显著增大），每次均对动态海洋过程截面进行采样，动态海洋过程的传播方向与陆架坡折是平行的。通过构建截面图时间序列，可以在先进海洋模型同化滑翔机剖面数据前，重建、识别和监测海洋过程。

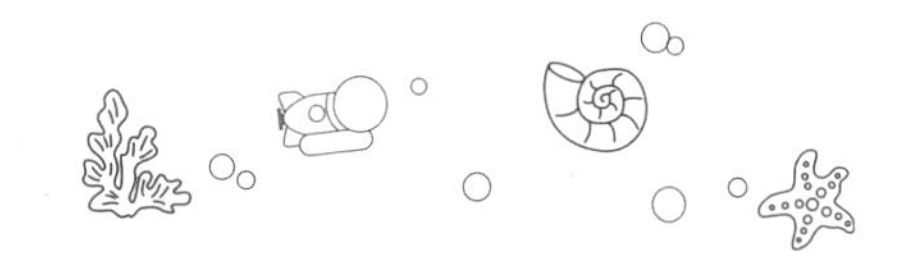

第7章

水下仿生机器人（鱼）

7.1　水下仿生机器人（鱼）

仿生机器人，简单地说，就是通过仿生技术模仿自然界生物体的外部结构或者功能，制备出兼具生物结构和功能特性的机器人系统。实质上，仿生机器人是仿生学和机器人领域各种先进技术的有机结合，是利用各种机、电、液、光等无机元器件构建的机器人系统，其在运动机理和行为方式、感知模式和信息处理、控制协调和计算推理、能量代谢和材料结构等方面具有高级生命的某些形态特征，能精确、灵活、可靠且高效地完成各种复杂任务。所谓水下仿生机器人（鱼），是指模仿水下生物结构或功能的水下机器人（鱼）。

纵观仿生机器人的发展历程，先后经历了原始探索阶段、宏观仿形与运动仿生阶段、机电系统与生物性能部分融合阶段，正伴随着仿生技术、控制技术和制造技术的飞速发展，向刚柔混合结构，仿生结构、材料、驱动一体化，神经元精细控制，高效能量转换的类生命系统方向发展。也就是说，目前仿生机器人已经进入结构与生物特性一体化的类生命系统阶段 。

瑞士洛桑联邦理工学院的研究人员发明了一种微型机器鱼FishBot（图7.1），可以与斑马鱼鱼群一起游泳。该机器鱼长7cm，其颜色、形状、比例和条纹图案都与斑马鱼相似。为了让机器鱼融入鱼群，研究人员研究了鱼类的行为，包括线速度、加速度、振动、尾部运动节奏、鱼群规模以及个体游泳距离等。通过与斑马鱼群共同游泳，可以学习鱼类的交流与运动方式，并改善其游泳机制。

ROBO-SHARK是一款航行速度高达10kn，低噪声，体长2.1m的仿生鲨鱼，如图7.2所示，可续航360天。ROBO-SHARK采用三关节仿生尾鳍作为唯一动力源，可以降低设备功耗，适合用于长时间的水下巡游、水下追踪等任务。ROBO-SHARK定位为高航速、大载荷、低噪声的远洋仿生水下机器人平台，可应用于港口航道声光磁信息采集、快速机动突破水下探测防卫系统等实际场景。

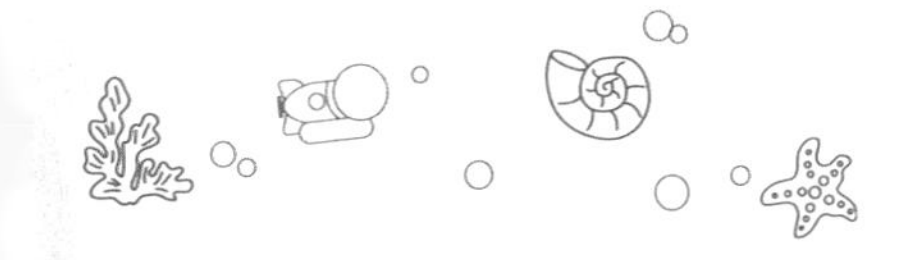

图7.1　FishBot

图7.2　ROBO-SHARK

新加坡国立大学的研究人员研发了一种会游泳的机器人MantaDroid（图7.3），该机器人长35cm，宽63cm，重0.7kg，可以以0.7m/s的速度在水下“飞行”，一次充电可持续游动10小时。通过模仿蝠鲼，MantaDroid可以快速游动。不同于使用螺旋桨的海底无人机，该机器人几乎没有声音，可以减少对海洋生物的干扰。该机器人可以用于检查海底基础设施、检测人类无法达到区域的环境污染状况。

图7.3 MantaDroid

7.2 水下仿生机器人（鱼）中的前沿技术

7.2.1 控制技术

游泳和飞行动物的推进是一个有组织的过程，因为它涉及在斯特鲁哈尔（*St*）数狭窄范围内鳍的扇动。*St*被无量纲地定义为fA/U，其中,f是扇动频率，A是滑动行程长度，而U是前进速度。研究证明，动物的推进力是一个自我调节的过程，它被调整为效率最大化，系统类似范德波尔振荡器。振荡器的参数随物理机制的变化而变化，如涡推进、矢量感知或橄榄神经元运动控制等。

（1）非线性振荡器自适应最优控制

假设涡推进游泳者以如图7.4所示的方式与周围环境保持持续同步，其中元件（即推动器、传感器和控制器）都是自我调节的。考虑一个大型动物和一个小型动物，它们的最佳运行的非稳态力执行器会产生力的波动F_x'，以适用于它们的鳍弦雷诺数Re_c（$Re_c=Uc/\upsilon$），其中U为前进速度，υ为介质的运动黏度。

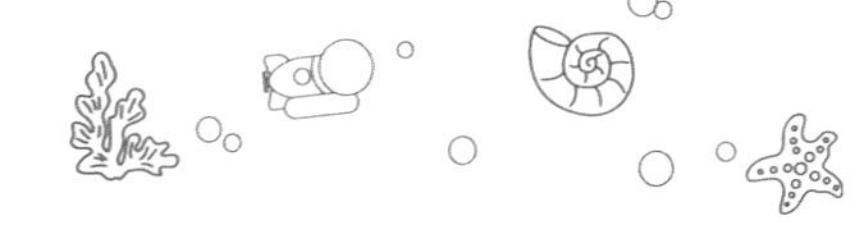

调谐过程可以在非线性振荡器的框架中得到解释。在前阶近似下，刚性圆柱的漩涡脱落不稳定性可以描述为范德波尔振荡器，这种振荡描述已推广到经历漩涡诱导振动的圆柱体，并且有人认为这种描述也可能适用于产生推力的扑翼。扑翼实验表明，推力波动的最低阶可以用方程 $\ddot{F}'_x-\omega_s G(F'^2_{x0}-4F'^2_x)\dot{F}'_x+\omega_s^2 F'_x=\omega_s TR_{avg}\dot{\xi}$ 来描述，力的波动与时间 t 的导数随 Re_c 的变化而系统地变化。这里，$\xi(t)=\phi(t)+\phi(t)$，$\phi(t)=\phi_0\sin(2\pi ft)$ 为滚动角，$\theta(t)=\theta_0\sin(\omega t+\psi)+\theta_{Bias}$ 为横摇角，波动频率 $\omega_s=2\pi StU/A$，波动幅值 $A=2\phi_0 R_{avg}$，F'_x 是力上的波动，F'_{x0} 是 $F'_x(t)$ 的振幅，G、T 为常数，ψ 为相位差，R_{avg} 为鳍拍打作用区域的径向距离，θ_{Bias} 为偏航俯仰角偏角。

当系统受到干扰时，它通过其非线性分量自动引入纠正措施，使其保持振荡，表现出自催化特性，这被称为自我调节。非定常推进表面和它们的尾流涡旋保持耦合，通过相互交换能量，使效率最大化。

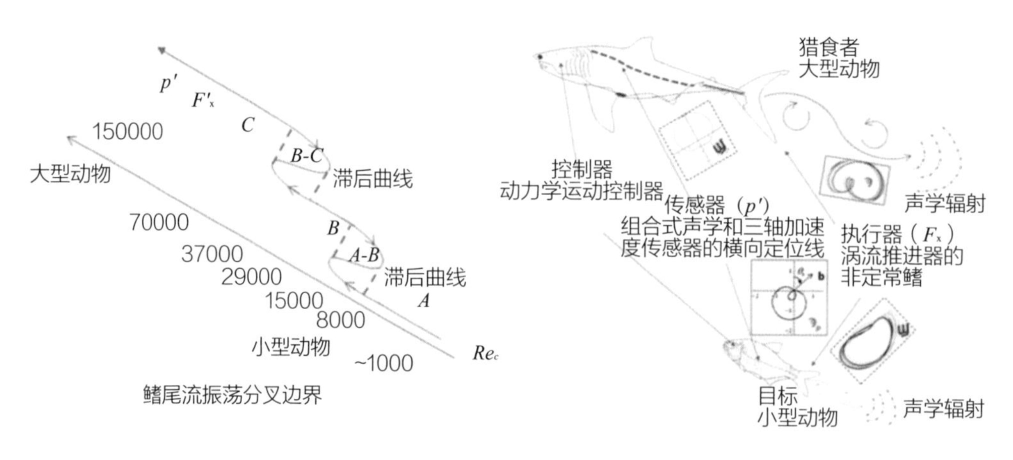

图7.4　鲨鱼运动产生的尾涡

（2）感知与避敌

鱼类利用鳍摆动的游动是一个自我调节的过程，而最佳效率是对这个过程的一个衡量标准。游泳和飞行动物在一个狭窄的 St 参数范围内（0.20~0.40）拍打它们的尾鳍（或胸鳍/翅膀）巡航。在这个范围内，每个物种都选择了一个或大或小的 St。具有自己特征 Re_c 和 St 的不同涡旋游泳和飞行动物，选择具

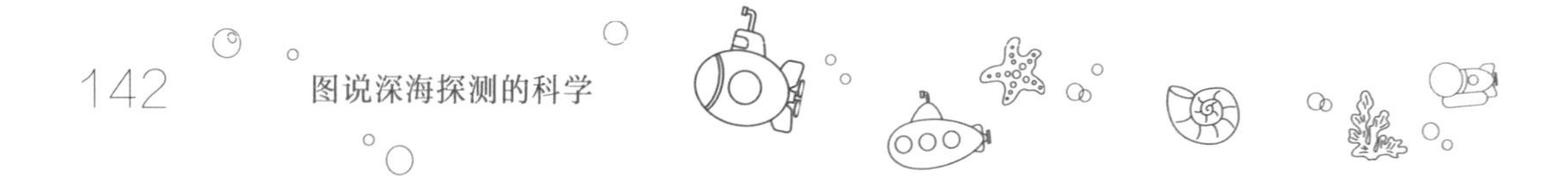

有典型锁定相位图的尾流过渡状态，这也限定了它们有能力实现的运动轨迹。简而言之，每一种被旋涡推进的动物都在不断地向周围传播其详细的运动历史。

尾流涡可以用一个非线性振荡器来表示，它的分岔性质依赖于 St 和 Re_c，分别产生类似的压力波动图。假设侧线传感器可以测量压力和三轴加速度（或洛伦兹传感器中的等效矢量），这允许它们读取这些压力图。行为实验表明，在鱼类群中，与视觉相比，侧线对决定邻居的速度和方向更重要。通过这种方式，动物们定位了噪声源和噪声源的雷诺数。

（3）橄榄球-小脑神经元控制器

动物的运动路径是力的驱动和感知的结果，与橄榄球-小脑动力学有关。对于一个下橄榄神经元 i，其状态如下：

$$\dot{u}_i = k(\varepsilon_{Na})^{-1}(p_{iu}(u_i) - v_i) \tag{7-1}$$

$$\dot{v}_i = k(u_i - z_i + I_{Ca} - I_{Na}) \tag{7-2}$$

$$\dot{z}_i = p_{iz}(z_i) - w_i \tag{7-3}$$

$$\dot{w}_i = \varepsilon_{Ca}(z_i - I_{Ca}) - \varepsilon_{Ca} I_{\text{exti}} \tag{7-4}$$

$$p_{iu}(u_i) = u_i(u_i - a)(1 - u_i) \tag{7-5}$$

$$p_{iz}(z_i) = z_i(z_i - a)(1 - z_i) \tag{7-6}$$

式中，z_i 和 w_i 与阈下振荡和低阈值（Ca 依赖）峰值有关；u_i 和 v_i 代表了更高的阈值（Na^+ 依赖）的峰值；常数参数 ε_{Ca} 和 ε_{Na} 控制振荡时间尺度；I_{Ca} 和 I_{Na} 驱动去极化水平；k 设置了 uv 和 zw 子系统之间的相对时间尺度。Ca 振荡器可以写成

$$\ddot{z}_i + F(z_i)z_i + kz_i + \varepsilon I = 0 \tag{7-7}$$

式中，F 是一个三次多项式函数；k 是一个常数；胞外脉冲 $I_{\text{exti}}(t) = 0$，这个控制振荡器类似于前面提到的鳍力波动振荡器，$I_{\text{exti}}(t)$ 是非零的，是由滚动、俯仰和扭转振荡引起的强迫项。

图7.5表示在带有扑翼执行器的动物中，执行器、传感器和控制器遵循类似的动力系统关系。行为实验表明，在鱼类群中，侧线对决定邻居的速度和方

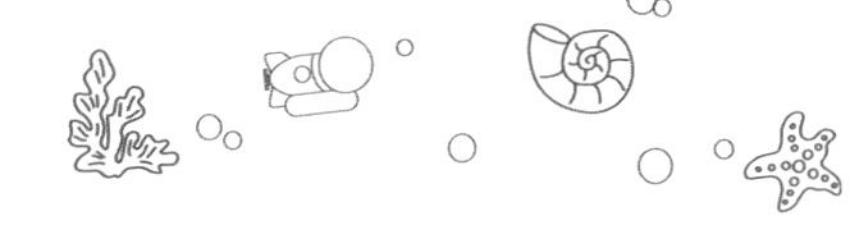

向更重要。通过这种方式，动物们定位了噪声源和噪声源的雷诺数。运动控制神经元具有相似的动力学特性。换句话说，同样类型的非线性方程也适用于执行器、传感器和控制器。

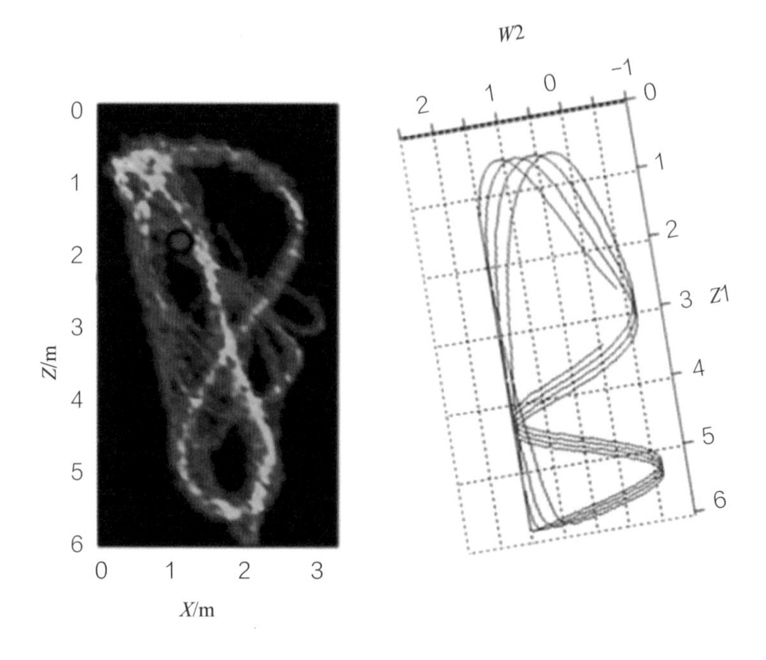

（a）棕色蝙蝠在一个挂满链子的房间里的运动轨迹

（b）两个CA振荡器模拟轨迹

图7.5　利用振荡器模拟蝙蝠的运动轨迹

7.2.2　材料技术

（1）压电陶瓷驱动仿生机器鱼

传统的电机驱动方式存在一些缺点(如重量大、反应不敏捷等)，使水下仿生机器人的发展和应用受到了很大限制，于是许多国家开展了新型智能驱动材料的研究，如压电陶瓷、形状记忆合金、人工肌肉等。

由日本名古屋大学的福田敏男教授研制的微型水下移动机器人用压电陶瓷驱动两条对称腿的摆动来实现其运动。

机器人的两条腿上分别装了一对对称的并具有一定角度的鳍，该对称结

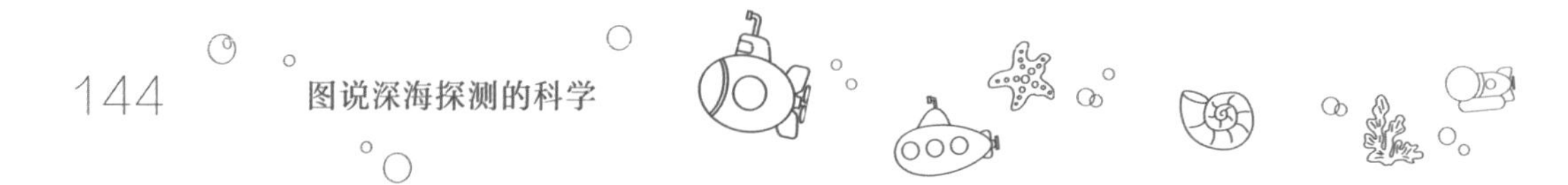

构设计可使横向力抵消、前进动力加强。同时，设计了一种放大倍数为250倍的弹性铰链放大机构，如图7.6所示，将压电陶瓷位移进行放大。该机器人长约32mm，宽约190mm，运动速度为21.6~32.5mm/s。

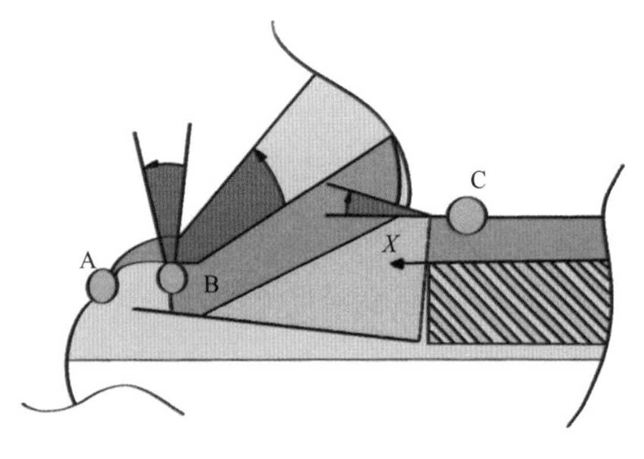

图7.6　放大机构原理简图

图7.6为放大机构原理图，当压电陶瓷产生x的微位移量时，A、B、C三个节点处分别产生角位移，通过对称鳍的摆动使机器人实现在水下的移动，改变压电陶瓷的激励频率可使鳍工作在不同的共振频率下，从而改变驱动力及移动速度。该机器人的转向运动是通过分别控制两个压电陶瓷的工作状态来实现的。

（2）形状记忆合金驱动仿生机器鱼

由于形状记忆合金有变形量大、变位方向自由度大、变位可急剧发生的特点，因此把形状记忆合金技术应用于仿生机器鱼上，可以使机器鱼具有位移较大、变位迅速、游动方向自由的特点。图7.7是美国东北大学船舶科学中心模仿水下脊椎动物七鳃鳗研制的水下仿生机器人。该水下仿生机器人由装有电源、控制系统的树脂玻璃绝缘罩和形状记忆合金驱动的波动器组成，绝缘罩中装有罗盘、测量摆动斜度的倾斜仪和声呐。该机器人绕躯体轴线有节奏地横向波动，从头部到尾部左右摆动的摆幅逐渐增加，将波动从尾部到头部反馈回来就可推进它向前运动。

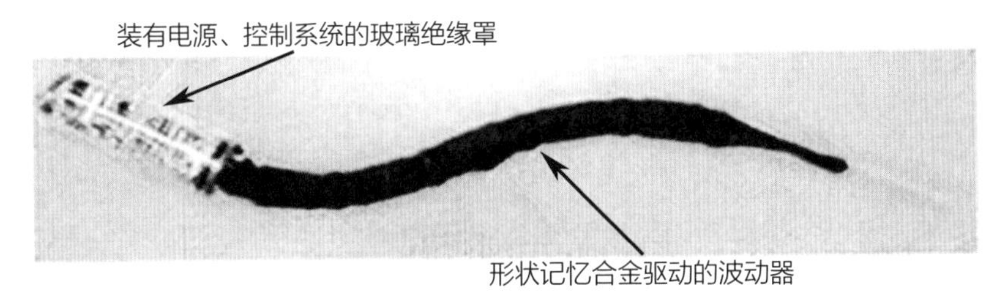

图7.7　仿七鳃鳗水下机器人

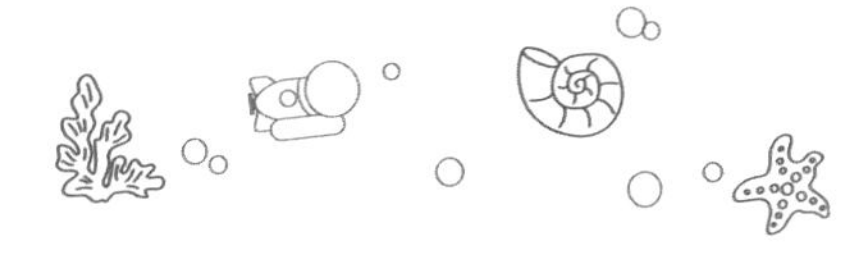

（3）人工肌肉驱动仿生机器鱼

电流驱动聚合物（ElectroActive Polymer，EAP)是人工肌肉的一种由导电高分子材料集束在一起制成的像肌肉一样的复合体，通过电流激活高分子材料中的离子或电子使之完成伸缩或折曲的动作，控制电流强弱可调整离子或电子的多少，从而改变其伸缩性。低能耗、无噪声、高弹性、重量轻的优点使其成为制造新型水下仿生机器人驱动装置的智能材料。

①日本Eamex公司成功地用EAP制成了第一个商业化的机器鱼，如图7.8所示。该机器鱼长67mm，内部装有发电用的线圈和控制用的微电脑，把机器鱼放入能产生电场的专用水槽中。从槽外通电，由于电磁感应现象，线圈自动发电，微电脑控制电流，激活EAP中的离子，实现机器鱼的游动。

②爱沙尼亚塔尔图大学研制的EAP驱动的水下机器人如图7.9所示，在长140mm、宽28mm的有机玻璃制成的框架两侧分别均布 8个 EAP制成的胸鳍，通过胸鳍做波浪式运动产生推力。为了确保与人工肌肉可靠接触，同时也防止离子与聚合体通过肌肉表面的铂层进行交换，该机器人采用了0.15μm 厚的层压胶布板将它们固定在框架上。胸鳍全长110mm，每个瓶状的肌肉长40mm，用橡胶薄片固定在框架上。采用瓶状的目的是防止橡胶薄片滑离EAP尖端。有机玻璃框架底层的各连接点相互关联，共同接收水下信号，而其顶层的各连接点彼此独立地驱动 EAP。框架的最顶层有16个通信线的小孔和6个将底层与顶

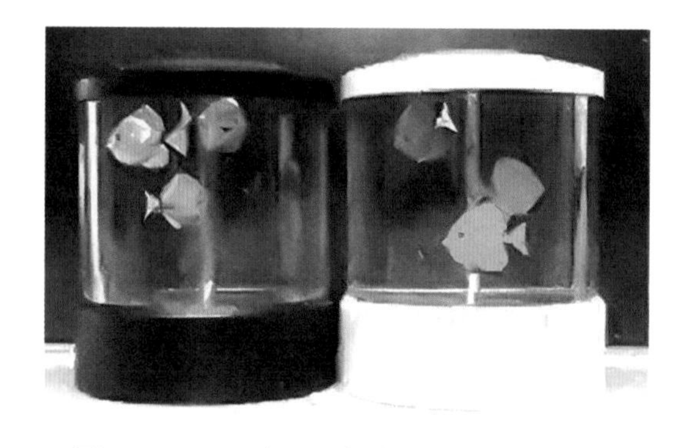

图7.8　Eamex公司研制的EAP驱动的机器鱼

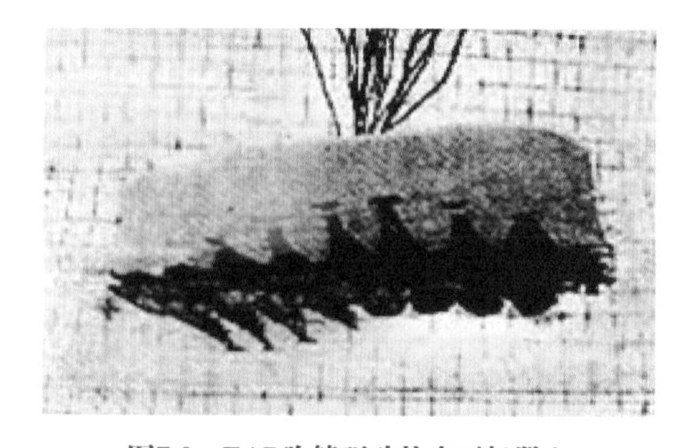

图7.9　EAP胸鳍驱动的水下机器人

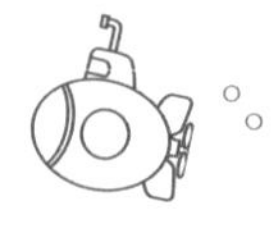

层连接在一起的螺孔，整个装置的上面覆了一层泡沫材料，可以使该水下机器人有一定的浮力。通过水槽中实验，证明由EAP制成的胸鳍能够推动该机器人前进，该水下机器人的平均速度约为0.005m/s。

7.2.3 机电一体化技术

目前水下机器人（鱼）采用的驱动方式大致可分为四类：电机驱动、压电陶瓷驱动、形状记忆合金驱动和人工肌肉驱动。

在已研制出的仿生机器鱼中使用较多的是电机驱动这种传统而又成熟的驱动方式，最典型的是美国麻省理工学院先后研制的 RobtTuna和 RobtPike，以及英国研制的可自控机器鱼。

①1994年，麻省理工学院模仿蓝鳍金枪鱼制造的RobtTuna如图7.10所示，其长约1.2m，由2843个零件组成，采用关节式铝合金脊柱、中空聚苯乙烯肋骨、网状泡沫组织、聚氨基甲酸酯弹性纤维纱表皮，内部装有6台2马力（1.47kW）的无刷直流伺服电动机、轴承及电路等。该机器鱼在多处理器和高级推进系统的控制下，通过摆动躯体和尾巴能像真鱼一样游动，速度可达7.2km/h。

图7.10　机器金枪鱼

②机器梭子鱼RobtPike如图7.11所示，由玻璃纤维制成，上面覆一层钢丝网，最外面是一层合成弹力纤维，尾部由弹簧状

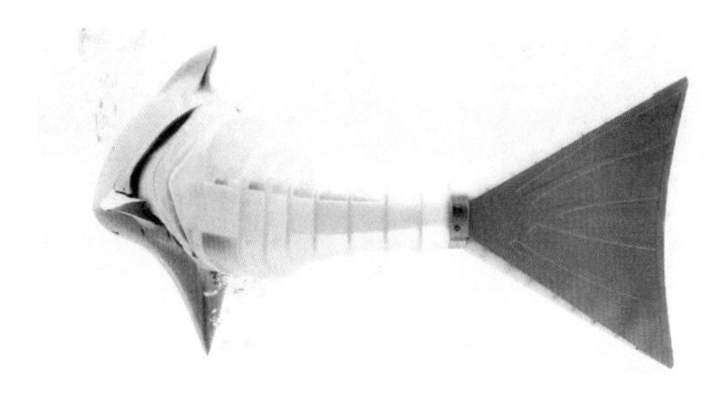

图7.11　机器梭子鱼

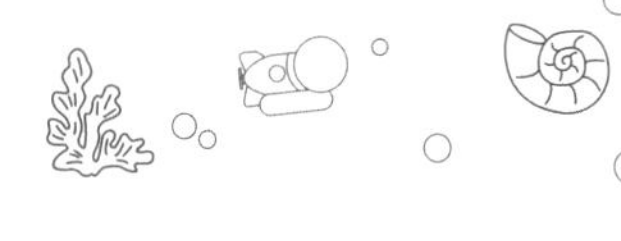

的锥形玻璃纤维线圈制成，使机器梭子鱼既坚固又灵活。它的硬件系统主要包括头部、胸鳍、尾鳍、背鳍、主体伺服系统、胸鳍伺服系统、尾部和尾鳍伺服系统以及电池等。采用一台伺服电动机为其提供动力来驱动各关节以实现躯体摆动。

③图7.12是英格兰东南部的埃塞克斯大学华裔教授胡霍胜和他的机器人小组从2002 年开始研究的自控机器鱼，它是世界上第一条小尺寸（不足500mm长）、下潜深度大于3m的机器鱼。该机器鱼尾部结构设计独特，仅用一台伺服电动机驱动C型尾部游动，采用此结构的目的是使机器鱼能在三维空间灵活游动，可自主导航。该自控机器鱼主要由两部分组成：头部壳体和躯体链节。头部壳体是由刚性防水塑料做成，用来保护内部的电机控制板、传感器无线电指令舱和电池；躯体链节由 3个塑料板和15根金属轴组成。总长480mm（其中，尾鳍长120mm），宽215mm(包括两个宽80mm的胸鳍)，高150mm，重3.55kg。设计下潜深度为 10m，实际下潜深度大于3m，体内的电池可以持续供电4.5小时。

图7.12　英国研制的自控机器鱼

7.3　典型实例——万米水下柔性仿生机器人（鱼）

2019年12月，浙江大学李铁风教授团队研发的仿生软体机器鱼首次成功在马里亚纳海沟坐底。该机器鱼随深海着陆器下潜到约10900m的海底后，在

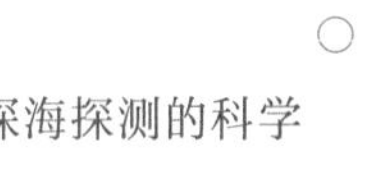
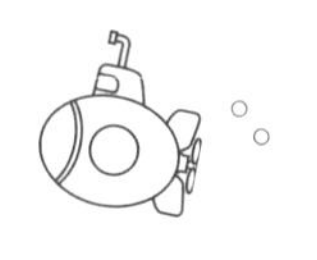
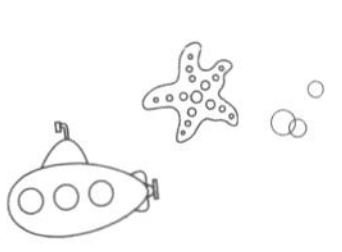

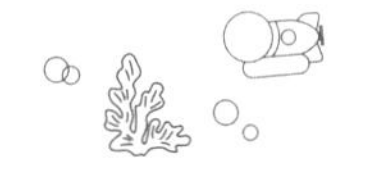

2500mAh单节锂电池的驱动下，按照预定指令拍动翅膀，扑翼运动长达45分钟，成功实现了电驱动软体机器鱼的深海驱动。这款仿生软体智能机器鱼如图7.13所示，形似一条深海狮子鱼，长22cm，翼展宽度28cm，大约为一张A4纸的长宽。

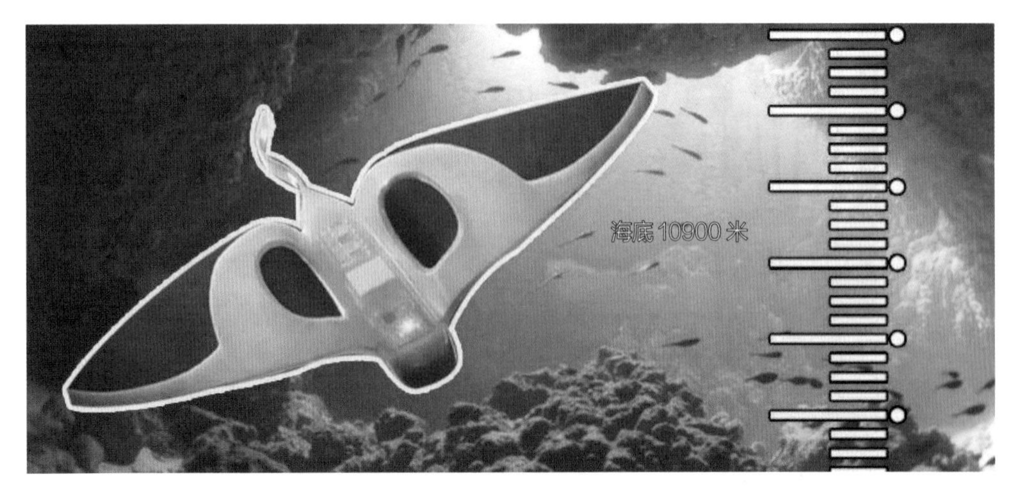

图7.13　仿生软体机器鱼

该机器鱼由软体人工肌肉驱动一对翅膀状的柔性胸鳍，通过节律性扑翅实现游动。控制电路、电池等硬质器件则被融入集成在凝胶状的软体机身中；通过设计调节器件和软体的材料与结构，实现了机器人无需耐压外壳就可以承受万米级别的深海静水压力。

机器鱼通过放大状的鱼鳍，像翅膀那样扇动向前推进。要在深海中驱动，还需克服高分子材料在高压和低温时电驱动能力衰减的问题。李铁风教授团队与浙江大学化学工程与生物工程学院罗英武教授课题组合作研制了能适应深海低温、高压等极端环境的电驱动人工肌肉，在高压低温环境下依然能保持良好的电驱动性能，即便是在马里亚纳海沟的低温（0~4℃）、高压环境（110 MPa）下依旧能正常工作。

这项研究成果于2021年3月4日作为封面文章，刊发在国际顶级期刊*nature*，如图7.14所示。

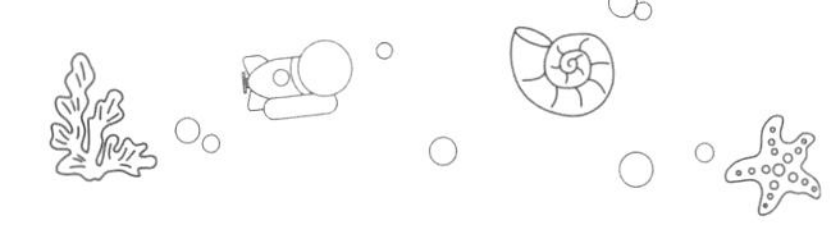

图7.14 *nature*封面

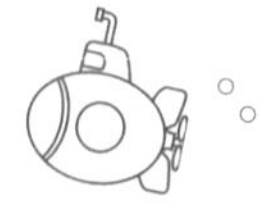

第8章

深海探测通用前沿技术

8.1 水下燃料电池技术

能源是深海探测技术的关键性技术，既要解决耐高压、耐低温、耐腐蚀等问题，又要实现高稳定性、高安全性、高容量、低成本等目标。主要传统的水下能源技术包括铅酸电池、银锌电池、镍基电池、锂电池、燃料电池、小型核能装置、海洋温差能、封闭循环柴油机等技术。

随着深海探测技术的不断发展，深海探测装备系统，尤其是载人潜水器、无人潜水器等水下运载装备，对能源系统的要求越来越高，传统动力源已经不能满足装备长周期、长航程作业的需求。燃料电池系统是一种高能量密度新型电源的代表，目前其系统的质量比能可达到200~400 W · h/kg，意味着在规定的质量和体积内可储存更多的能量，将成为最优的深海动力源之一。

8.1.1 燃料电池系统发展现状

2011年，美国发布了2个燃料电池动力无人无缆潜水器（UUV）项目，分别为大直径UUV(Large Displacement UUV，LDUUV)创新性海军样机项目和长航时UUV(Long Endurance UUV，LEUUV)未来海军能力项目。

LDUUV项目旨在研制一种直径为48英寸(约1.22m)的大排水量UUV，通过港口布放和回收，可在公海潜航或在近海执行超视距任务。LDUUV项目要求燃料电池容量达到1.8MW · h，比能量达到1000W · h/L，从而将续航时间增加至70天，其间可加注燃料实现多次启停。

LEUUV项目旨在研制一种直径为21英寸(约 0.53 m)的UUV，要求其燃料电池动力系统比能量达到300~500W · h/L，续航时间达到30小时，其间可

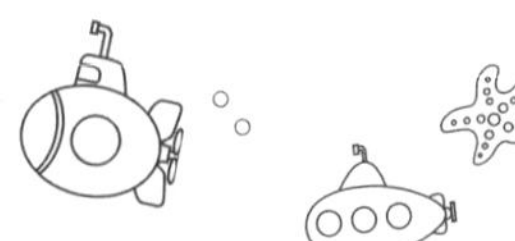

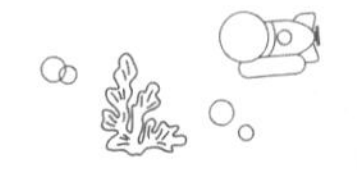

加注燃料实现多次启停。Sierra Lobo 公司在 LEUUV 项目资助下研制了质子交换膜燃料电池动力系统(图 8.1)，采用液氢和液氧作为能源，燃料电池输出功率为10 kW，续航时间为85小时。

（a）LEUUV　　（b）燃料电池

图8.1　Sierra Lobo 公司研制的 LEUUV 及其燃料电池

德国ATLAS Elektronik 公司研发了著名的“海鳍”鱼雷。2001 年，该公司启动了DeepC UUV的研制工作。DeepC UUV有三个相连的舱室，一个是载荷舱，另外两个是动力舱，各装有一个质子交换膜燃料电池(图8.2)。该燃料电池由ZSW公司研制，每个燃料电池含30个电池单体，输出功率为1.8 kW。氢气和氧气分别储存在35MPa和25MPa的气瓶中，可提供140kW · h的总能量。

（a）DeepC UUV　　（b）燃料电池

图8.2　DeepC UUV 及其燃料电池

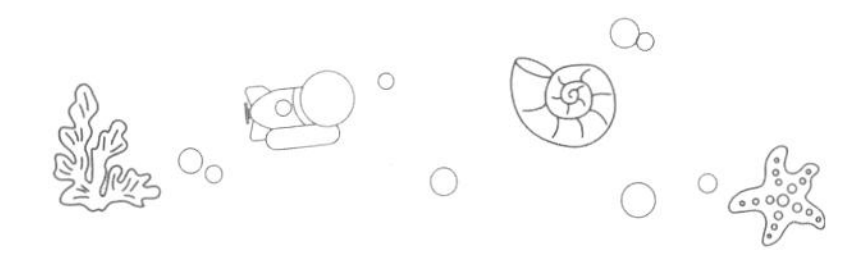

法国HELION公司是核电巨头AREVA集团的子公司。2005年，该公司启动了IDEF UUV的研制工作(图8.3)。该UUV采用的质子交换膜燃料电池由63个电池单体组成，输出功率为1.5kW，额定工况下效率约为55%。该燃料电池安装在一个充满氮气的密封容器内，使其在惰性环境中工作，以防止气体泄漏和氢、氧混合爆炸。氢气和氧气分别储存在30MPa和25MPa的气瓶中，可提供36kW · h的总能量。2009年10月，IDEF UUV共进行了7次下潜航行试验，2次试验间隙采用标准的氢、氧气瓶为其加注燃料，氢、氧加注时间均不超过1小时，显著小于电池充电所需时间。

（a）IDEF UUV

（b）燃料电池

图8.3 IDEF UUV 及其燃料电池

日本三菱重工从1998年开始研制Urashima UUV(图8.4)。该UUV采用两个2kW的质子交换膜燃料电池，利用金属氢化物为燃料电池供氢。为防止氢气泄漏，采用两个钛金属壳体的压力容器将燃料电池和金属氢化物分别包裹。氧气储存在容积为0.5m^3、压力为14.7MPa 的高压罐中。在2005年2月的海试中，Urashima UUV创造了单次航行317km的新纪录，所用航时为56小时，平均航速约为3kn，潜深800m。

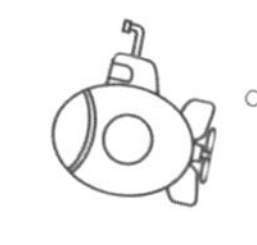

（a）Urashima UUV

（b）燃料电池

图8.4 Urashima UUV 及其燃料电池

8.1.2 燃料电池动力系统关键核心技术

燃料电池动力系统是将自身携带的氢气和氧气的化学能通过电化学方式直接转换为电能供给装置，是一种高能量密度新型能源动力装置的代表。燃料电池动力系统的基本原理是：氢燃料以特定形式储存，氧化剂以液氧方式储存；装置工作时，储氢设备通过化学反应供应氢气，液氧吸收余热后汽化为气态氧，氢气和氧气通过管路输送到燃料电池电堆；两种物质发生电化学反应，将化学能直接转化为电能，以直流电的形式输出。装置运行产生的热量部分用于储氢设备供氢和液氧汽化，多余的热量通过热量交换输出，反应产物通过气液分离，液态水直接输入水箱，极少量的氢气通过产物处理设备消除。燃料电池动力系统组成框图如图8.5所示。

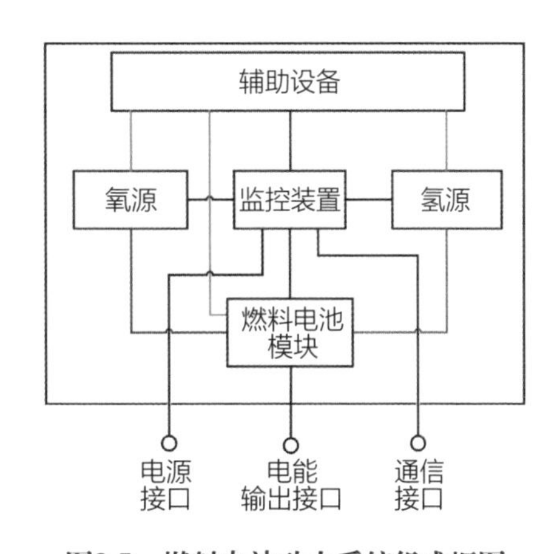

图8.5 燃料电池动力系统组成框图

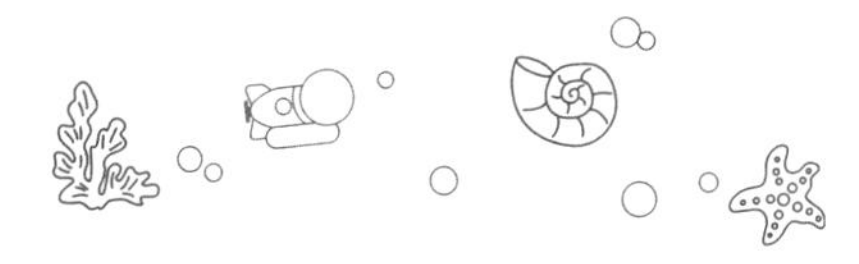

氢源占燃料电池动力系统总重约一半以上，因此，提高燃料电池动力装置储能密度的关键在于提高装置的储氢密度。目前，常见氢源技术包括有机液体储氢技术、甲醇重整制氢技术和水解制氢技术。

（1）有机液体储氢技术

以含有不饱和C=C双键的液态有机分子材料作为储氢载体，与氢气发生可逆化学反应，实现循环的加氢-脱氢过程。液态有机储氢载体的加氢-脱氢反应过程示意图如图 8.6所示（以 N-乙基咔唑为例）。液态有机物与氢气发生反应后，作为储氢载体存放于容器内，在一定温度和催化剂条件下发生脱氢反应。反应产物经气液分离后，氢气供给用户端，脱氢后的液态有机物回收于容器内，进行循环利用。

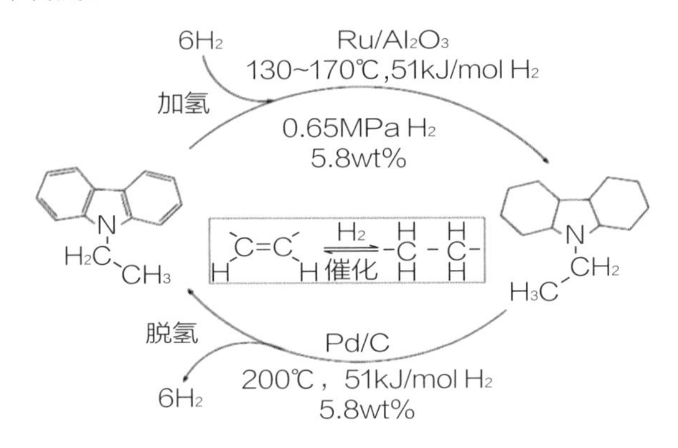

图8.6　有机储氢载体的加氢－脱氢反应过程示意图

有机液体储氢装置主要包括储存隔膜箱、计量泵、反应器、气液分离器、缓冲罐、阀件等部分。有机液体储氢装置如图8.7所示。

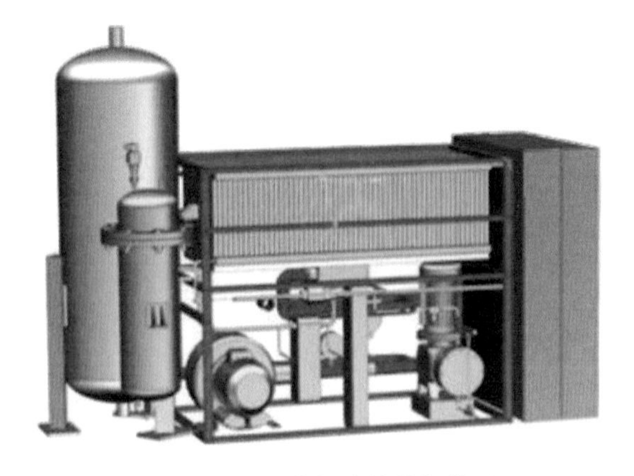

图8.7　有机液体储氢装置

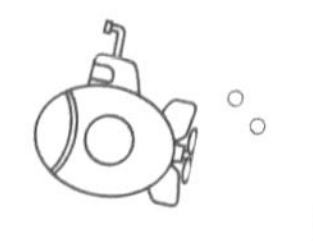
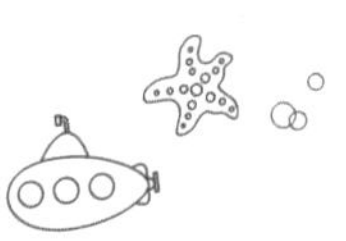

（2）甲醇重整制氢技术

重整制氢是指甲醇、乙醇、柴油等富氢燃料在一定温度和压力条件下，在催化剂的作用下发生催化重整反应，转化为H_2和CO_2的过程，工作原理如图8.8所示。甲醇水蒸气重整制氢的反应式如下。

主反应：

$$CH_3OH(g)+H_2O(g)\longrightarrow CO_2+3H_2\ (\Delta H298=49.4\ kJ/mol)$$

副反应：

$$CH_3OH(g)\longrightarrow CO+2H_2\ (\Delta H298=91kJ/mol)$$

$$CO+H_2O(g)\longrightarrow CO_2+H_2\ (\Delta H298=-41kJ/mol)$$

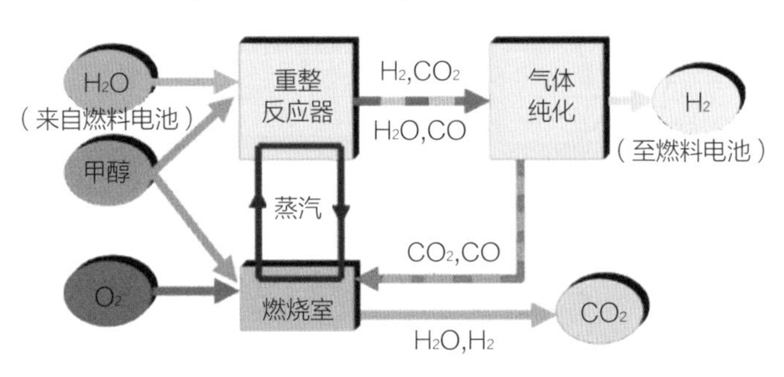

图8.8　甲醇重整制氢技术工作原理

甲醇重整制氢装置样机主要包括原料存储与输送单元、制氢反应单元、氢气纯化及储存单元、热量传输单元、监控单元及柜体。甲醇重整制氢装置如图8.9所示。

图8.9　甲醇重整制氢装置

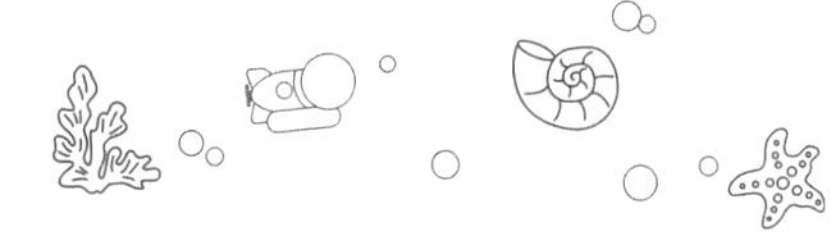

（3）水解制氢技术

高密度金属水解制氢技术是基于金属或其氢化物（以氢化镁（MgH_2）为例）与水反应产生氢气的“即制即用”安全氢源技术，原理如图8.10所示。反应式如下：

$$MgH_2+2H_2O \longrightarrow Mg(OH)_2+2H_2\ (\Delta H298=-277kJ/molH_2)$$

氢化镁水解制氢装置主要包括水解反应器、冷凝塔、氢气缓冲罐等关键设备并配备液位、压力、流量、温度等传感器实时监控。其水解反应制氢工艺流程如图8.11所示。

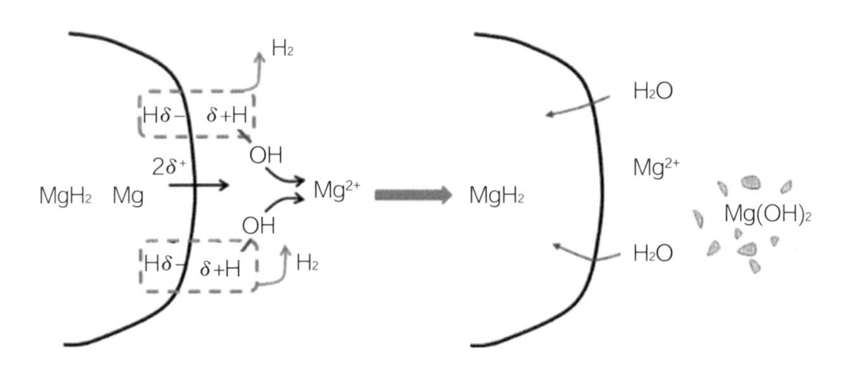

图8.10　MgH_2 水解反应制氢原理

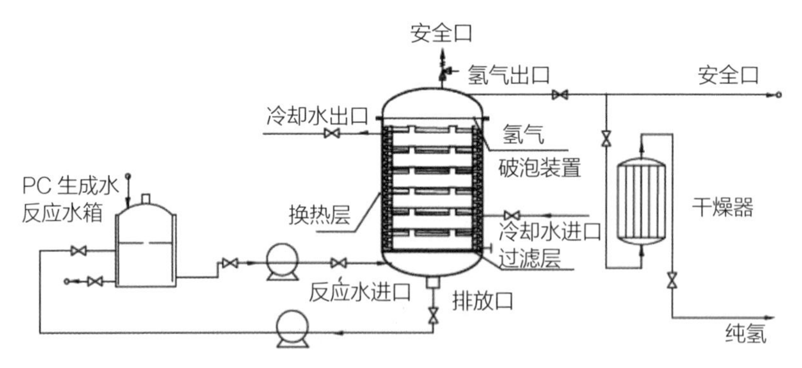

图8.11　MgH_2 水解反应制氢工艺流程

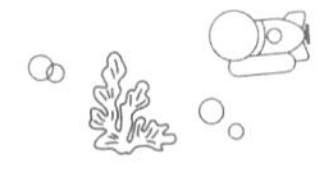

8.2 水下无线通信技术

8.2.1 水下声通信技术

水下声通信是利用声波在水里传播实现通信，如图8.12所示。水下声通信是目前水下远距离传播信息最常用的方式，带宽在50 kHz内的声波在水中的衰减系数为10^{-4}~10^{-2} dB/m，只要合理选择水中传播的声信号工作频段，就可避开水介质中的环境噪声，同时还可减小声信号在水介质中的传播衰减，以较小的发射电功率获得较远的通信联络距离。水下声通信的工作原理是：承载文字、声音、图像等信息的电信号转换为声信号，声信号通过水这一介质，将信息传递到接收端，这时声信号又转换为电信号，从而将信息变成文字、声音及图像，可以传输很长的距离。但该方式存在着传输速率低、带宽有限，容易受水质、水温、水压和水下噪声的影响，形成多路径干扰信号和盲区等缺陷。

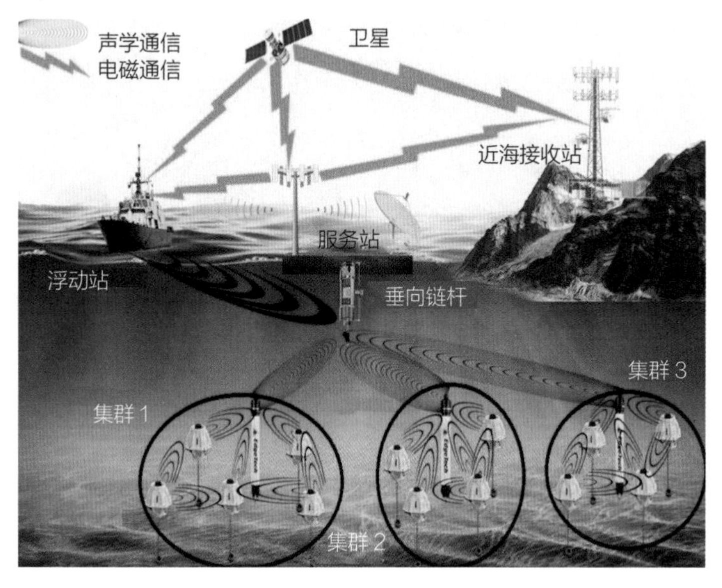

图8.12　声通信示意图

8.2.2 水下光通信技术

水下光通信包括水下可见光通信、水下不可见光通信，以光波作为信息载体。通常发射端采用编码芯片对通信信号进行编码处理后，传送至发光光源，发光光源将接收到的信号转换为光信号，光信号经过汇聚后发送到水下信道；光信号通过水下信道到达接收端，接收端将入射的光信号汇聚到光电二极管探测器上，光电二极管探测器将接收到的光信号转换成电信号，并对电信号进行滤波放大等处理，再由解码芯片进行解码，从而恢复出原始数据，如图8.13所示。研究表明，在海水中，蓝绿光的衰减比其他光波的衰减要小得多，蓝绿光在海水中具有很强的穿透性，因此发射端的光源模块宜采用蓝绿色高光LED或者蓝绿色激光。

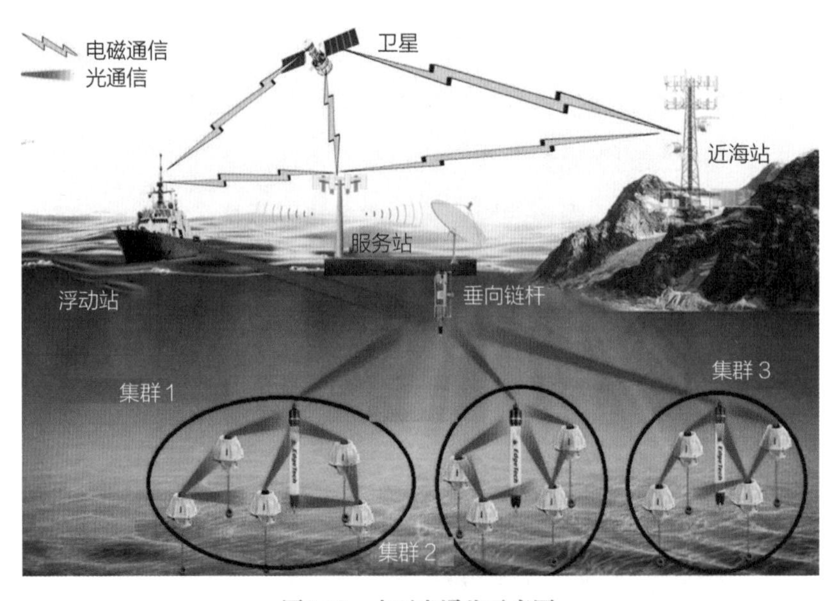

图8.13 水下光通信示意图

水下光通信收、发端系统体积小、成本低、功耗低、带宽大、速率高、设计简单，但是这种技术受水下环境干扰严重，使水下光通信技术在一定程度上受到制约。蓝绿激光水下通信技术涉及高稳频激光器及其调制、光电探测器及解调、编 / 解码芯片及算法、低功耗电源及电路设计、耐压容器制造等多方面的技术。

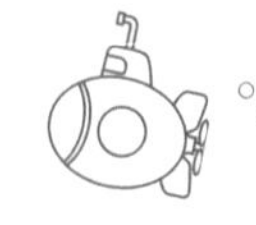
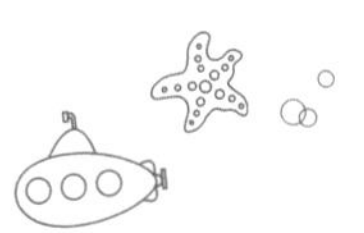

水下激光通信系统由信号发射、水下信道和信号接收三大子系统构成。整个通信链路如图8.14所示。

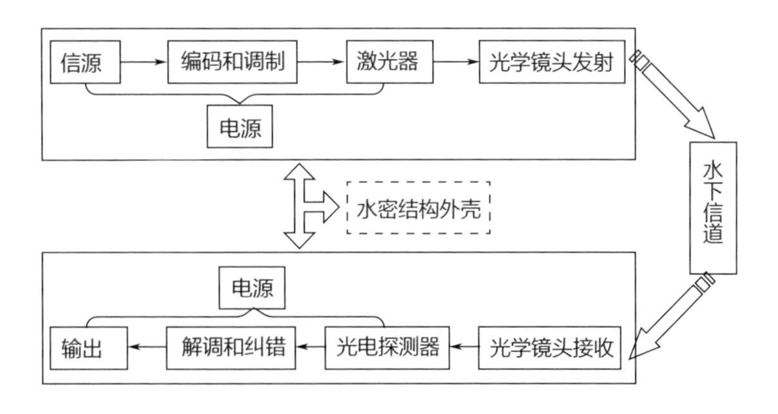

图8.14　水下激光通信系统通信链路

蓝绿光高稳频激光器及其调制技术是保证水下激光通信实现的基础。在光通信设备中，常用的光电检测器件是PIN光电二极管或雪崩光电二极管(APD)。为有效提升增强光接收端的信噪比，采用多个探测单元的空间分集接收，对阵列信号加权叠加，能够提高输出信号的信噪比。在接收端，通过适当增大光学镜头的有效口径，保证足够的光通信信号的输入强度。在光链路上进行抗干扰带通处理，在接收系统前端加遮光罩遮蔽非定域散射的干扰，对耐压玻壳进行耐压与光学窄带通化复合处理，进一步抑制噪声和背景杂散光，提高信噪比。此外，水下耐压结构设计和研究是关键技术之一，是保证通信收发系统顺利工作的必要条件。

无线光通信的信号调制技术主要以脉冲位置和脉冲编码调制技术为主。光通信常用的几种主要调制/解调技术如表8.1所示。

表8.1 光通信常用的几种主要调制/解调技术

调制技术	特征	带宽	平均发射功率	误时隙率
开关键调制(OOK)	占用带宽小、单位码元传信率高，最简单，技术成熟	最高	最高	最大

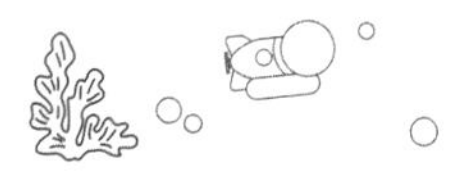
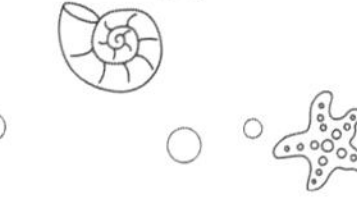

续表

调制技术	特征	带宽	平均发射功率	误时隙率
脉冲位置调制(PPM)	时隙数固定；差分脉冲位置调制(DPPM)是在PPM调制基础上改进的，调制后的时隙数不固定	最低	最低	最低
差分脉冲间隔调制(DPIM)	时隙数不固定；解调时不需要符号同步，只需时钟同步	一般	一般	一般

使用数字频率合成器(Direct Digital Frequency Synthesizer，DDS)，将载波生成和调制电路合二为一，能够对频率、相位、振幅分别进行精确的数字信号控制，实现OOK、FSK和PSK三种基本调制方式，其特点是系统结构简单、稳定，易于实现。

时频调制技术(Time - Frequency Shift Keying，TFSK)也是被广泛采用的抗衰落和抗多径技术之一，利用正交码的强抗干扰能力，有效克服频率选择性衰落，能够兼顾信号传输速率和通信质量。相比传统通信方式，时频调制技术误码率能低一两个数量级，适用于成分复杂、衰落比较严重的海水环境。在海况特别恶劣的环境下，运用分集接收技术，如迈克尔逊干涉调制，也能有效提高信噪比。

8.2.3 水下电磁波通信技术

水下电磁波通信主要是使用电磁波的甚低频VLF、超低频SLF和极低频ELF三个低频波段进行通信，其通信过程与陆地电磁波通信类似，都是利用无线电磁波收发机进行双向通信，区别在于前者是水下，后者是水上。由于电磁波的传播不需要介质，并且具有强穿透性，因此无线电磁波收发机具有抗干扰，在近距离条件下能达到较高的通信质量和容量的优势。但是无线电磁波收发机具有功率大、成本高、天线尺寸大、体积大，并且传播路径损耗严重、信道不稳定等缺点。水下电磁波通信技术示意图如图8.15所示。

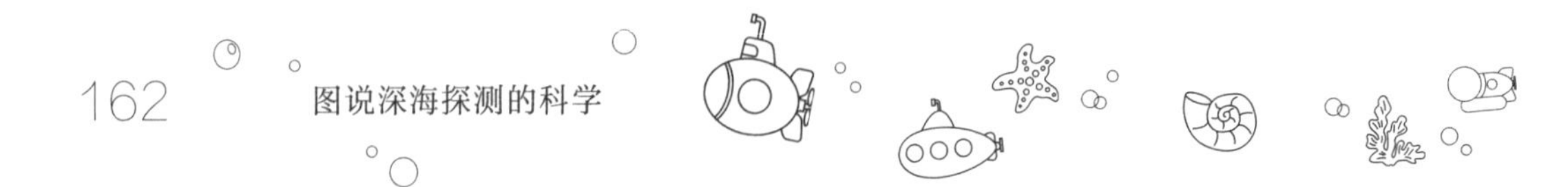

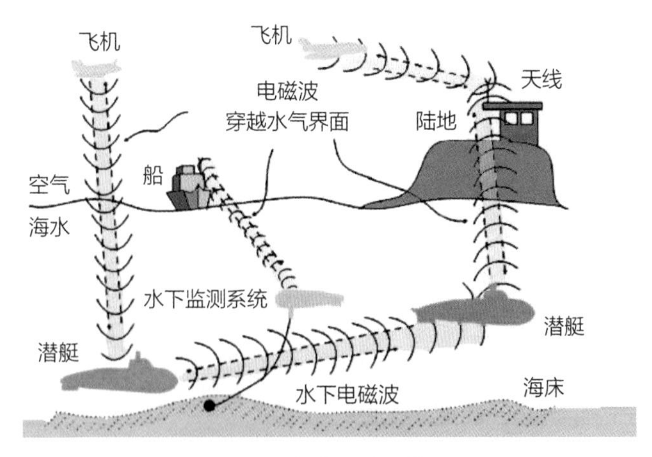

图8.15　水下电磁波通信技术示意图

8.3　海底原位探测传感器技术

先进、稳定、可靠的海洋探测与监测技术，对于人类的海上活动、海洋的有效管理和合理开发等方面具有重要的意义，为人类了解海洋、利用海洋提供了强有力的支撑。

8.3.1　地热探测技术

地热测量主要采用地温梯度测量设备，主要用于探测海底表层沉积物的海底温度、地温梯度等地热参数。

广州海洋地质调查局研制的地热探针分两个部分：一个长550mm、外径为68mm、用钛合金制作而成的水密耐压电子舱和一个长600mm、直径为14mm的针头，如图8.16所示。针头内等间隔安置5个温度测量传感器（热敏电阻），用来进行温度数据采集，每个热敏电阻对应一个测量通道，整个系统

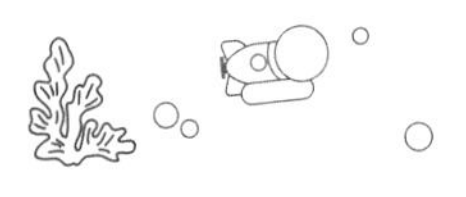
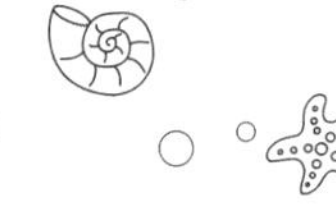

由5个通道组成。水密耐压电子舱位于探针上部，内含控制电路、测量电路、数据通信接口、供电电池及智能控制模块。探针的顶部安装7个高亮度的双色LED灯，分别为红、绿色，用于显示探针的工作状态。该传感器的空气中质量约3.5kg，水中质量约2kg，可以有RS-485通信和自容式工作两种模式，最大工作深度为4000m，温度测试范围为−2~52℃，于2013年7月在“蛟龙号”搭载使用。

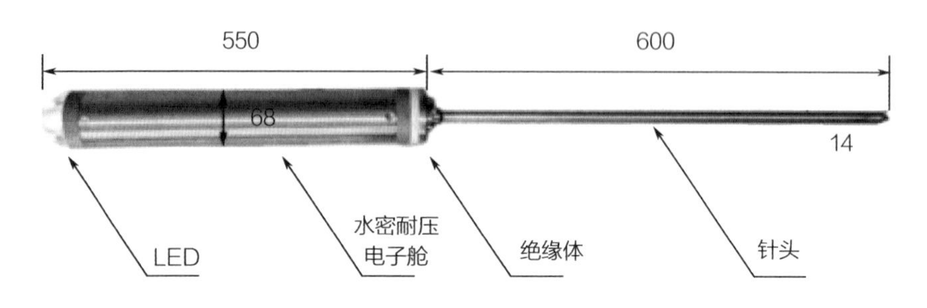

图8.16　广州海洋地质调查局研制的地热探针

美国“阿尔文号”载人潜水器配备的1m长的热通量探针（5个温度传感器）和0.66m长的热通量探针（4个温度传感器），用于插入软沉积物中测量温度梯度，如图8.17所示。两个探针的性能相似，可测量的温度范围为0~40℃，精度为0.2℃，分辨率为0.001℃。此外，可以产生一个温度脉冲和监测，以观察在沉积物中的温度衰减。数据通常显示在载人球内的视频显示器上，同时也在潜水的计算机数据文件中进行记录。每次下潜只能携带一个此设备。其水中质量约1.81kg。

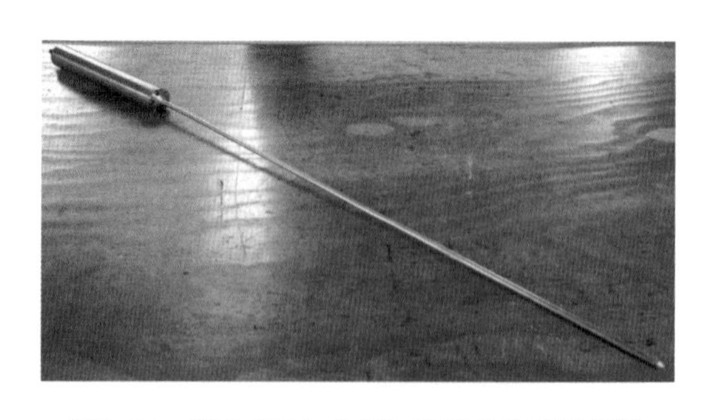

图8.17　美国“阿尔文号”使用的热通量探针

近年来，围绕底层沉积物和热液冷泉流体温度的探测，科学家们研制出了分体式温度探针。美国“阿尔文号”载人潜水器配备了电阻温度测量装置（RTD），如图8.18所示，能够测量高达400℃的水温。该仪器提供

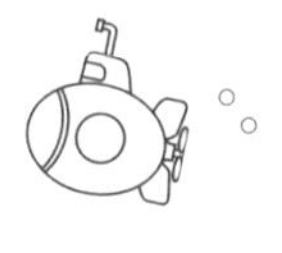
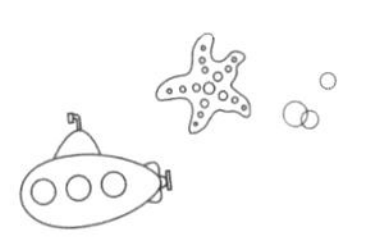

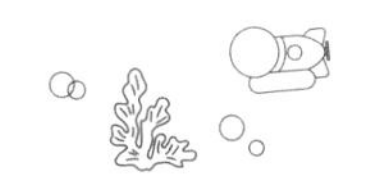

分辨率为0.01℃、精度为0.02℃的温度测量，每秒报告一次测量结果，潜航员可以在舱内实时读到探针所测量的温度，同时数据也被保存在计算机内。

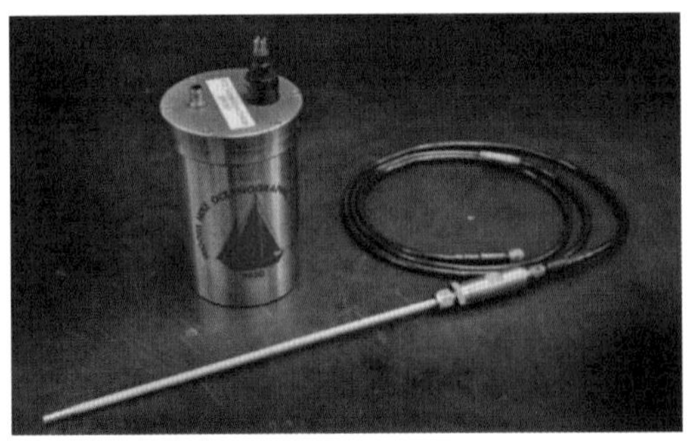
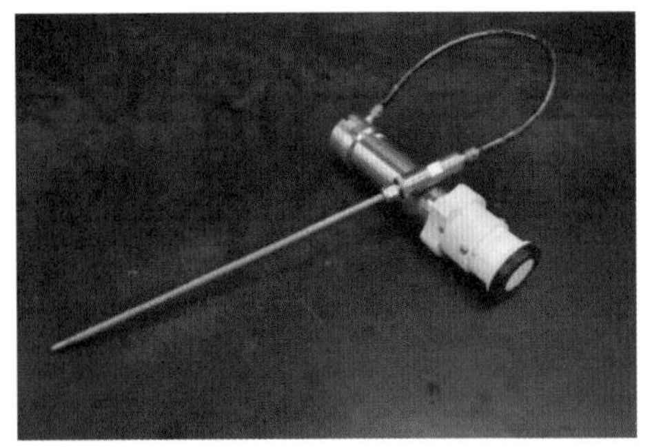

图8.18 美国“阿尔文号”使用的分体式温度探针

“蛟龙号”保障团队设计的高分辨率温度梯度测量系统也采用分体式，如图8.19（a）所示，参与了中国大洋第38航次和第60航次，搭载“蛟龙号”下潜作业。127潜次测量的结果如图8.19（b）所示，可以看出，探针在插入到沉积物过程中，由于摩擦生热产生温升，温升幅度大约0.02℃，随后温度开始下降直至与沉积物环境温度平衡，沉积物近似恒温场，在温度下降过程中，测量系统可以分辨出0.001℃的温度变化，在系统与外界温度达到平衡后，可以持续数分钟没有波动，直至探针拔出后温度再有所变化。

（a）“蛟龙号”搭载的分体式温度探针

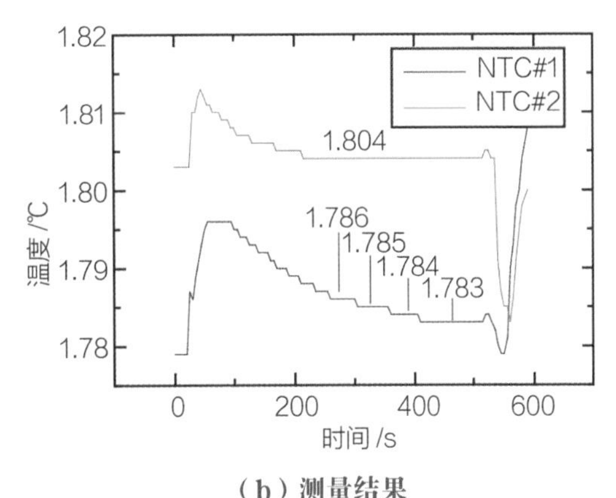

（b）测量结果

图8.19 “蛟龙号”配备的分体式温度探针

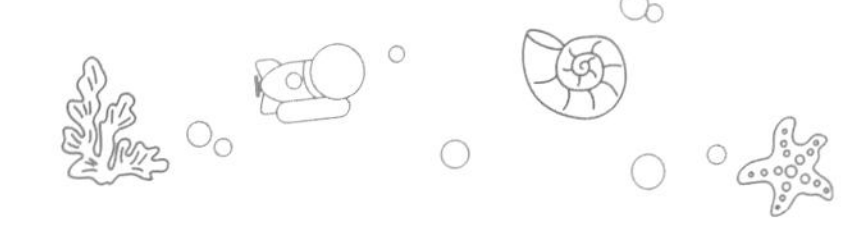

该类型探针一般由一个电子舱和一个探针组成，电子舱留有与载人潜水器连接的水密接头，与舱内计算机连接，电子舱和探针通过水密电缆连接，探针内部可以安装1~5个温度传感器。潜水器入水后，潜航员通过机械手操作T形手柄，开展温度测量工作。

8.3.2 海洋化学原位探测传感器技术

围绕天然气水合物、热液硫化物等海洋化学研究，国内外研究发展了各种探测仪器和探头，且广泛应用在载人潜水器（HOV）、无人遥控潜水器（ROV）、无人自主潜水器（AUV）等深海运载器上。下面简要介绍国内外已经成熟的几类海洋化学传感器和探头。

（1）多参数传感器

科学家们开发了CTDT（CTD与光学浊度计融合）传感器，对热液喷口的热液柱定位和调查很有作用，可以进行热液柱的温度、盐度、悬浮物之间的关系分布调查；CTDO（CTD与溶解氧测定仪融合）、STDT（电导率-温度-深度-透光率融合传感器）等多种光学融合传感器，可用于热液柱、冷泉等水体的原位测量。美国“阿尔文号”配备了SeaBird SBE49传感器，如图8.20所示，可以在水下以16Hz的频率测量电导率、温度和深度（压力），该传感器具有延迟预测和流量影响预测分析功能，使用RS-232串行接口与潜水器连接 。

图8.20 “阿尔文号”配备的SeaBird SBE 49传感器

图8.21 CTDO系统

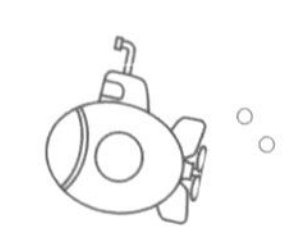

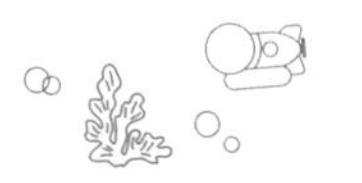

日本的“Shinkai6500号”配备了SeaBird SBE-19 CTD/SBE43 DO传感器（CTDO系统），如图8.21所示，CTD与溶解氧测定仪融合的传感器可在6500m水深范围内进行电导率、水温、压力和溶解氧的测量，从而计算出盐度和深度。

“蛟龙号”载人潜水器配备了加拿大RBR公司生产的多通道水质记录仪RBRmaestro³，如图8.22所示，并配套有测量温度、压力、电导率、叶绿素、溶解氧、pH值、浊度的7个传感器，用于潜水器下潜过程的剖面测量和水下走航作业的调查，工作模式可以选择电池自容式，也可以选择与舱内连接实时显示的方式。该设备还配有磁开关功能，标配采样频率为2Hz，下潜前，对RBRmaestro³进行灵活的测量设置，潜次结束后可将数据输出为Matlab、Excel、OceanDataView以及TXT格式，便于用户进行后处理。

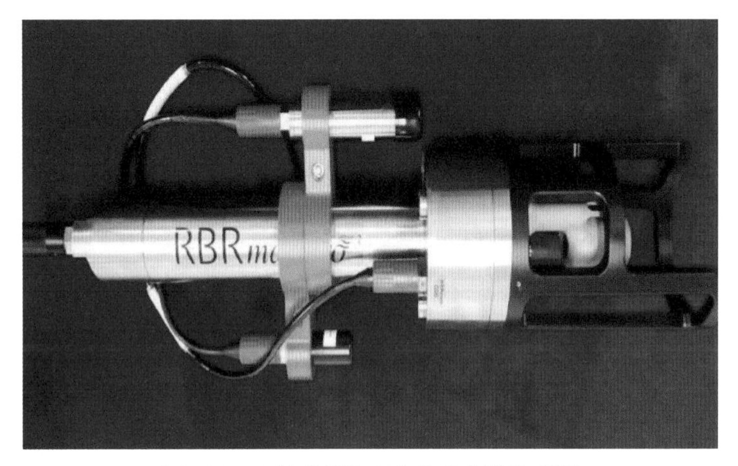

图8.22　“蛟龙号”配备的多参数传感器

（2）热液原位化学分析传感器

美国明尼苏达大学丁抗博士等人利用氧化铱微电极制成的pH传感器在实验室内和现场观测试验中取得了与理论预测完全吻合的测量结果，该pH传感器是世界上第一个在火山热液口直接进行原位pH值探测的传感器。同样是美国明尼苏达大学丁抗博士等人采用固态探头，用金、银硫化物电极首次在安得维尔地区水深2200m、温度370℃的热液环境下探测了热液流体中溶解态H_2与H_2S的浓度，如图8.23所示。

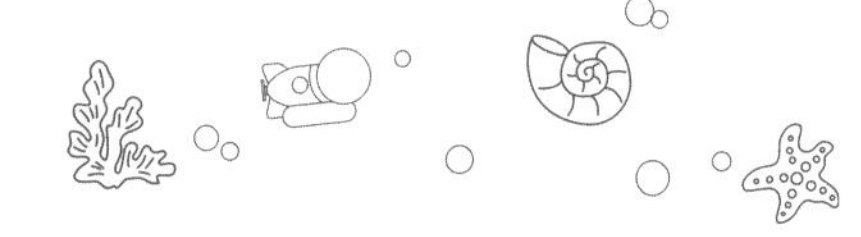

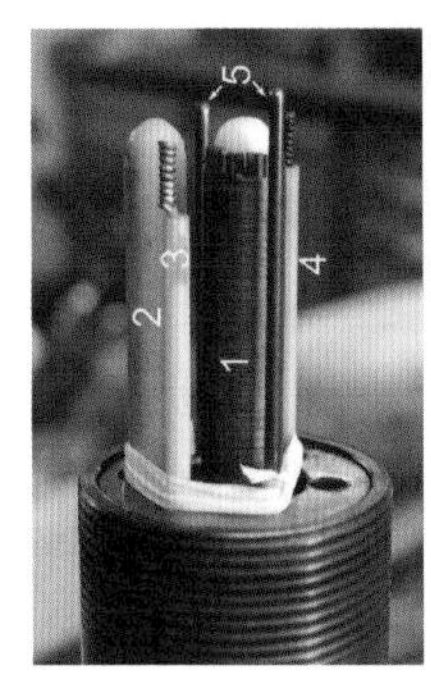

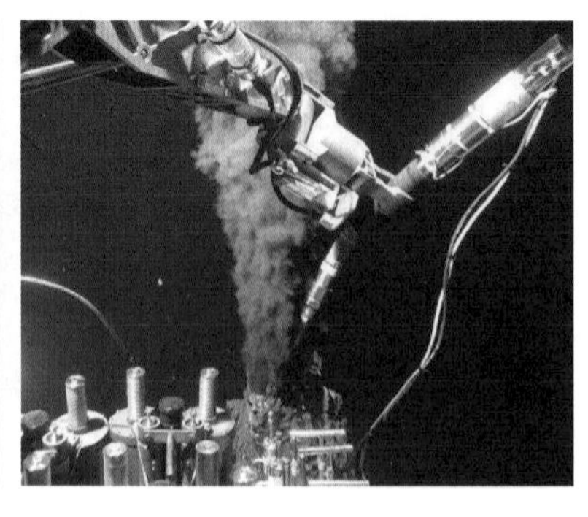

图8.23　美国明尼苏达大学研制的热液原位化学分析传感器

8.3.3　海底原位激光探测传感器技术

（1）水下激光拉曼系统

美国蒙特利湾海洋研究所（Monterey Bay Aquarium Research Institute，MBARI）基于实验室激光拉曼光谱系统，开发的水下激光拉曼光谱仪DORISS（Deep Ocean Raman In Situ Spectrometer），可用作深海原位拉曼光谱探测的传感器，已经在深海天然气水合物探测、深海热液活动探测以及海洋深部环境变化在全球气候变化及碳循环中所起的作用等关键科学问题上取得了显著的研究成果。

基于Kaiser Optical Systems，Inc.的实验室模型激光拉曼光谱仪，DORISS包括带有全息双工透射光栅的光谱仪、前照式CCD摄像机、激光器、一个全息过滤的探头、可互换的采样光学元件等。在玻璃窗后面使用2.5英寸（6.53cm）的支架光学器件，并使用浸入式光学器件通过钛制的端盖伸入海水中。这些组件分为三个压力外壳，可部署到海洋中4000 m的深度。

图8.24　光谱仪

光谱仪外壳长约76cm，直径32cm，如图8.24所示，在90°角处有22cm长的

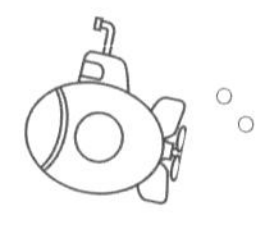
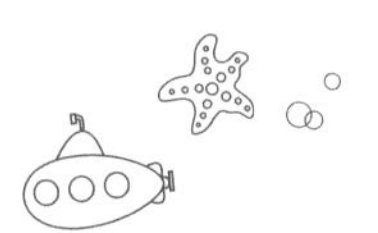

延伸部分以容纳CCD摄像机。外壳材料是7075铝合金，包含光具座/光谱仪，带有相关电子设备的CCD摄像机以及温度和湿度传感器。

电子外壳是一个长100cm、直径25.4cm的玻璃纤维压力外壳，如图8.25所示。它装有单板计算机、532 nm激光器以及温度和湿度传感器。

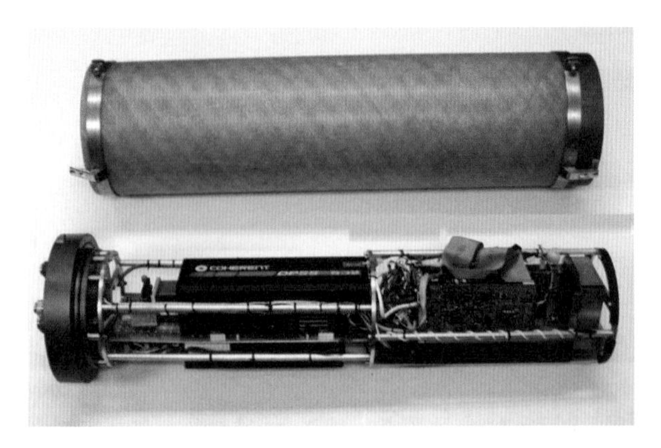

图8.25 电子外壳及内部构造

探头外壳材料为钛合金，长35.5cm，直径14cm，如图8.26所示。它包含：光学探头，并通过耐压光纤电缆连接到激光器和光谱仪；隔离光学镜，用于圆顶窗后面；浸入式光学元件，与带有压盖密封件的扁平端盖一起使用。

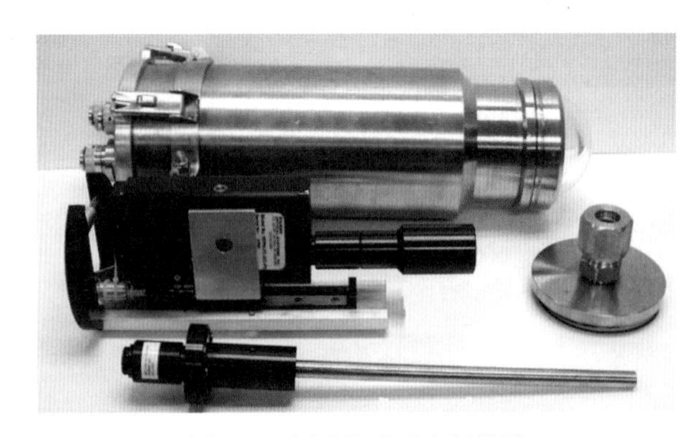

图8.26 探头外壳及内部构造

（2）插入式热液喷口流体拉曼光谱探测系统

中国科学院海洋研究所研制了一台适用于深海热液喷口流体或周围弥散流原位探测的小型化、低功耗激光拉曼光谱探测(Raman insertion Probe for

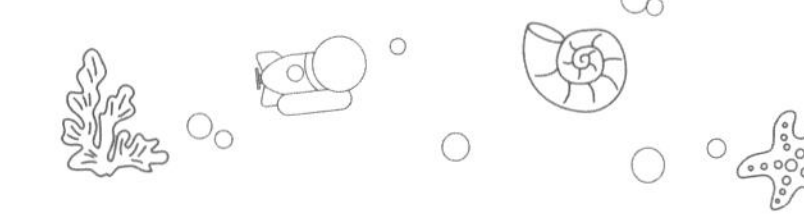

Hydrothermal vent，RiP-Hv)系统，并研发了适用于深海热液喷口附近高温、强腐蚀等极端环境的耐高温拉曼探头，集成于ROV/HOV通用潜器平台。RiP-Hv系统研制成功后，先后通过了实验室内性能联合测试、数次摸底海试（包含2018年“科学号”冷泉热液综合科考航次——搭载“发现号”ROV，2018年“海星6000”ROV海试航次——搭载“海星6000”ROV，2019年中国大洋第52航次——搭载“海龙Ⅲ号”ROV，2020年“科学号”冷泉综合科考航次——搭载“发现号”ROV）。该系统主要由主体耐压舱、探头舱、深海耐压光缆以及固定架组成，如图8.27所示。

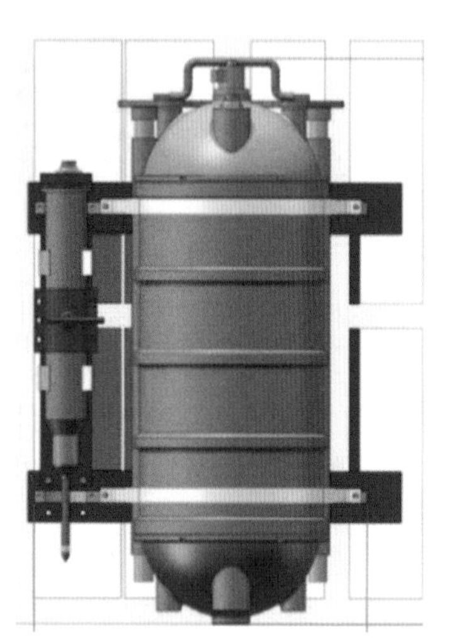

图8.27　激光拉曼光谱探测系统

（3）海底多参数原位传感器

法国海洋开发研究院（Ifremer）研制了海底多参数原位传感器ALCHIMIST，如图8.28所示，其包括溶解氧探头、H_2S探头、H_2探头、HS^-探头、S^{2-}探头等，采用比色流动法，主要对海底热液环境参数、亚硝酸盐、硝酸盐和磷总量进行实时测量。化学传感器作业环境温度范围为2~150℃；pH值测量范围为1~11.00，分辨率为0.1。化学探测传感器探头腔长度不大于800mm，直径不大于200mm，电路腔长度不大于400mm，直径不大于200mm，质量不大于15kg。

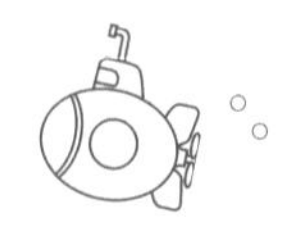

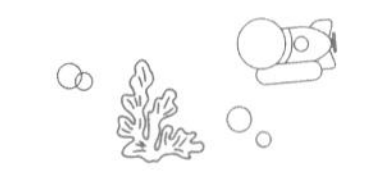

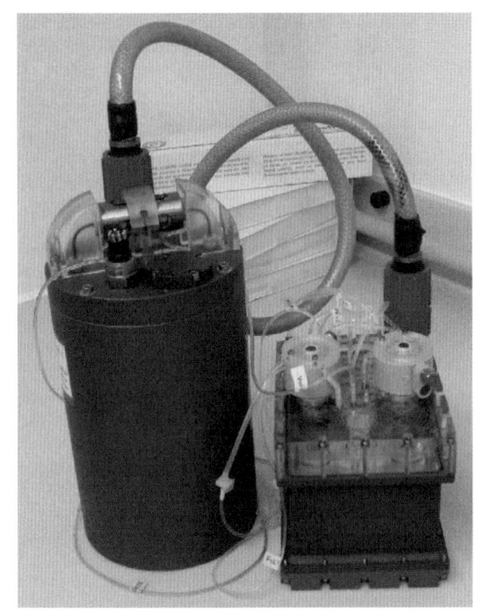

图8.28　ALCHIMIST传感器

（4）激光诱导击穿光谱仪

激光诱导击穿光谱仪（LIBS），只要有光就可以在任何极端环境下工作，能够对流体、固体或气体进行快速的多化学元素分析，并且采样规模非常小，无破坏性和扩散性，非常适合于实时原位结果分析，可以用于热液区多金属硫化物、富钴结壳、多金属结核、海底军事目标等物质的探测。

中国海洋大学研制的深海LIBS金属元素探测系统（Mini-LIBS）通过对现有技术的升级，突破了高瞬态功率激光的光纤耦合、激光聚焦精准定位和定量定标等关键技术，实现了LIBS技术在深海海底环境矿产资源成分和结构的原位探测。该Mini-LIBS系统整体分为上位机控制和水下探测两部分。上位机控制部分通过HOV自带的传输电缆对水下探测部分进行供电和通信，水下探测部分由深海电机和光学系统两部分构成，舱体之间通过电缆连接。工作时，机械手夹持海底矿物靠近光学系统探测窗口，经深海电机定位后进行海底矿物的LIBS定性定量分析。该系统如图8.29所示，在中国大洋60航次搭载“蛟龙号”下潜，在西太海山区进行了应用试验。

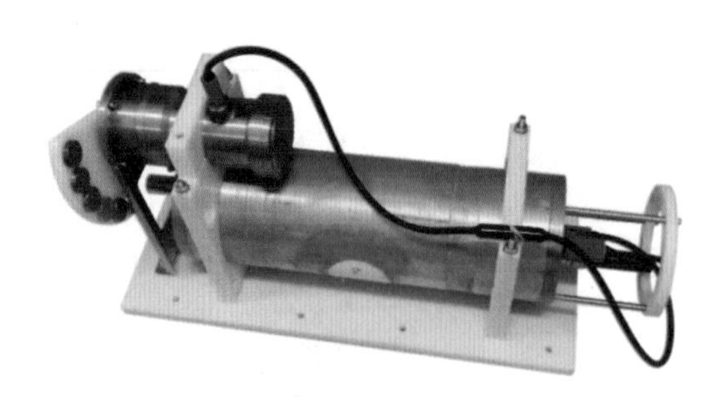 

图8.29　深海LIBS金属元素探测系统

（5）光散射传感器（浊度计）

通过浊度计可以进行热液柱的温度、盐度、悬浮物之间的关系分布调查，对热液喷口的热液柱定位和调查很有作用。使用CTD捆绑光学浊度计(CTDT)，或CTD捆绑多种光学传感器(如光学投射仪、光学浊度计、光学散射传感器)可调查和发现热液活动异常，对研究海底热液有着重要作用。

（6）电阻率传感器系统

电阻率传感器系统（BARS）是一套用于深海热液口的综合传感器系统，能够测量电阻率、温度、Eh值和H_2值，可以通过测量一段时间序列内热液流体的电阻率来估算氯离子浓度、温度、氧化还原电位。该传感器系统包括一个高温传感器、一个电阻率传感器、一个Eh传感器和一个参考温度传感器，如图8.30所示。高温、Eh和电阻率传感器位于L形钛棒的末端，在弯头后20cm处，直接浸入高温硫化物中；参考温度传感器位于棒的另一端。

图8.30　底栖和电阻率传感器系统

（7）原位质谱仪

使用原位质谱仪（ISMS）与导航定位系统一起对海底热液口进行地球化学的实时化学测绘，该方法不仅适用于载人潜水器，而且能够在AUV、ROV

等海底平台上进行针对碳氢化合物冷泉、深海生态系统生物化学、点源污染检测以及海-气气体交换等方面的研究，同时还能够用来从浅海底热液口及其分布方面评估温室气体的作用。美国特拉华大学的人员研制了在热液口附近研究化学的光电传感器——表面等离子共振光谱仪（SPR），如图8.31所示，用于监测热液口的化学量。

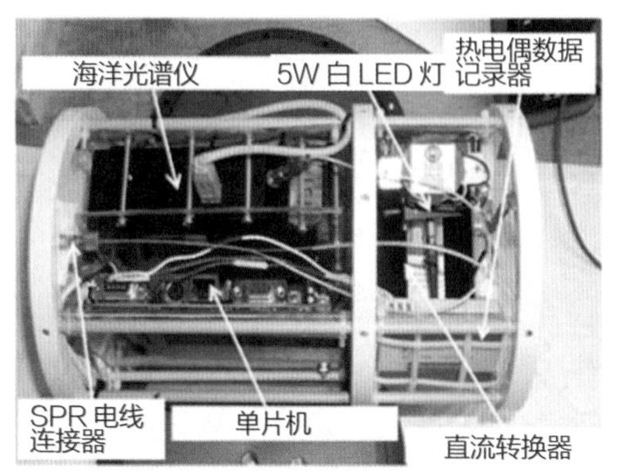

图8.31　表面等离子共振光谱仪（SPR）

哈佛大学Girguis实验室发明的ISMS（In Situ Mass Spectrometer）原位质谱仪（图8.32）能够通过“阿尔文号”H或“JASON-2号”ROV（图8.33）在4500m的深海海底原位测量分析甲烷、氧气、硫化氢、一氧化碳、二氧化碳、氮、一氧化二氮等许多作为微生物新陈代谢基质的挥发物，并且通过增加排气系统，能够在海底进行12~16个月的连续工作。

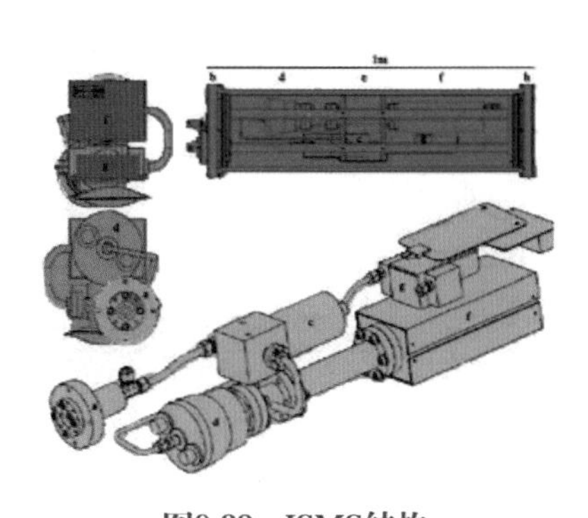

图8.32　ISMS结构

图8.33　“JASON-2号”ROV搭载ISMS进行水下作业

第9章

海底观测网

海底观测系统作为探索和研究海洋的最重要手段之一，通过对海洋乃至海底的流、浪、潮等动力参数，海底结构构造参数，海洋的pH值、CO_2、DO(溶解氧)、营养盐、蛋白总量等物理、化学和生物量的一系列观测，为研究大洋中脊爆发、高纬度深海对流、地震、热液口地区的热液活动和生物量变化等多种多样的、相互关联的过程提供新的机会。同时，也在海底生物资源和矿产资源勘探、监控人类活动给海洋带来的影响等方面有着不可替代的作用。

9.1 海底观测网络是怎样发展起来的

人类意识到建设海底观测网络对于地球物理学、海洋学、气候和气象调查的科学重要性已经很多年了。从1960年安装用于核爆炸和定位的地震观测站开始，伴随着海洋对板块构造起关键作用这一理论被现代海洋学广泛接受，1970年开始发展的微电子和计算机科学，地震学逐渐成了地球物理学的一个重要分支，也是从那时开始，通过建立海底观测站、观测链和观测网，多个国家开始了对海洋地球科学的探测和研究。几十年来，海底观测这一方式除了被用于地震监测之外，还被用于热液现象、海啸预报、海洋环境变化、全球气候、地球动力学等科学研究和监测。

美国国家科学基金会（NSF）资助了许多利用新型的接驳技术和光纤电缆通信协议的试验性、小型的海底观测站，并且通过这些观测站发展了海底观测网络的相关技术。NSF资助项目见表9.1。

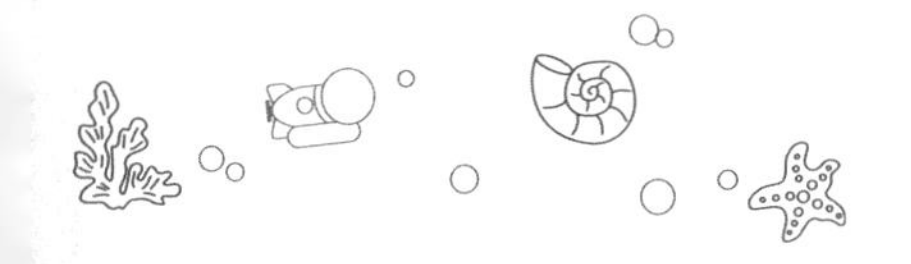

表9.1　NSF资助项目

名称	时间	具体情况
LEO-15	1996	率先推出了海底接驳盒的概念，主要目标是通过发展实时能力，用于近海的快速环境评估和物理学/生物学预测
MOISE	1996 | 1999	通过在加州中部近海的圣安德列斯断层西侧安装和布放地球物理学和海洋学的仪器设备来推进全球海底观测系统的发展
HUGO	1997	世界上第一个海底火山观测站，主要用于监测地震和火山喷发、地质、地球物理、生物、热液口和水下海山其他活动
H2O	1998	世界上第一个海底的地震观测网络系统
NeMO	1997	该观测链位于距离美国俄勒冈州海岸250英里（约402km）、海面下方1520m处的Axial 火山，并且将成为NEPTUNE网络的一部分
MVCO	2000	WHOI在Martha's Vineyard南岸建造的用于监测沿岸大气和海洋状况的沿岸观测系统
MOBB	2002	MOBB的最终目标是通过持续遥测连接到岸台，使MOBB成为伯克利数字地震网络(BDSN)的一部分，促成北加州实时地震监测系统的实现

日本从1970年开始进行基于海底电缆的地震监测，1996年地震研究推进总部建议在五个海域安装基于海底电缆的地震观测系统以加强地震监测。到目前为止，已经有8条科学海底电缆，其中两条归日本气象厅(JMA)、两条归东京大学地震研究学院(ERI)、一条归地球科学和灾害预防国家研究所(NIED)、三条归日本海洋科学技术中心（JAMSTEC）所属。

2003年，日本提出了新型实时海底监测网络(Advanced Real-time Earth Monitoring Network in the Area，ARENA)方案，在日本周边部署光纤电缆，并将8条实验电缆也包括在这个网络之中。ARENA的主体结构将基于网状网络连接海底观测站和地面电台，并且覆盖了3600km电缆供电观测节点的广阔研究区域。全面运行时，系统将装备320个观测节点（每个节点间隔20~50km），总电缆长度达到16000km。

此外，日本还分别于1997年和1999年利用两条退役的日本-美国海底电缆TPC-1、TPC-2实施了GEO-TOC和VENUS项目，通过安装地震检波器、海啸压力传感器、水听器阵列等仪器实现对琉球海沟菲律宾海板块俯冲带的观测和

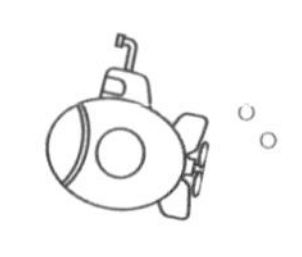
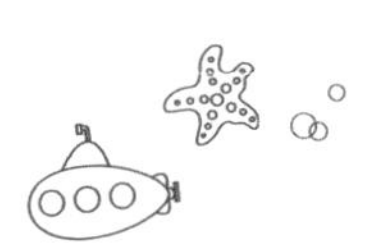

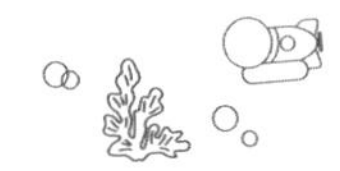

研究。1996—2002年，日本教育部、科技部、体育部和文化部创新科学基金资助的海洋半球网络计划（OHP），通过在包括整个太平洋的半球建设中的地球物理学观测站网络来研究和建立全新的地球内部结构和动力的概念。

欧盟（EC）从20世纪90年代前期开始进行相关的可行性研究，目的是确认发展海底观测的科学需要和技术可行性。从1995年开始，欧盟通过欧洲研究框架计划（FP计划）资助了一系列不同规模的项目来发展海底观测系统，见表9.2。

表9.2　欧盟资助的海底观测项目

名称	时间	具体情况
GEOSTAR1&2	1995—2001 FP4	该项目的目的是发展和测试在真正的深海环境下用于长期（1年）多学科综合监测的单框架海底自治观测站性能
NEMO-SN1	2000 Italian funds&FP6	第一个基于GEOSTAR技术的地震和海洋学测量综合学科的海底观测网络；欧洲第一个实时海底网络；ESONET和EMSO项目中第一个运行的海底观测网络
ASSEM	2002—2004 FP5	ASSEM是为了在最大1km^{2}的海床区域内长期监测岩土工程、大地测量和化学参数而发展的海底网络。 2004年，节点分别布置在了Corinth湾、Patras湾和Finneridfjord湾，同时在Patras湾42m深的地方布放了用于持续和长期测量海底边界层海水中气体浓度的气体监测模块（Gas Monitoring Module，GMM）
ORION-GEOSTAR-3	2002-2005 FP5	该网络是在GEOSTAR项目成果的基础上继续发展的海底网络。 在项目的支持下，GEOSTAR海底观测站、表面浮标和MODUS都进行了升级，并且增加了能够通过声学设备与海底观测站通信的新观测点（SN3、SN4）。 该项目开辟了安全和相对节省成本的海底观测站的管理新视角，以及提高了在海底边界层进程认识综合方法上的可能性
EUROSITES	2008-2010 FP7	该网络于2008 年4 月正式启动，目的是整合和增强欧洲附近9个已有的进行多学科研究及物理、生物地球化学和地质各种变量原位观测的深海观测站

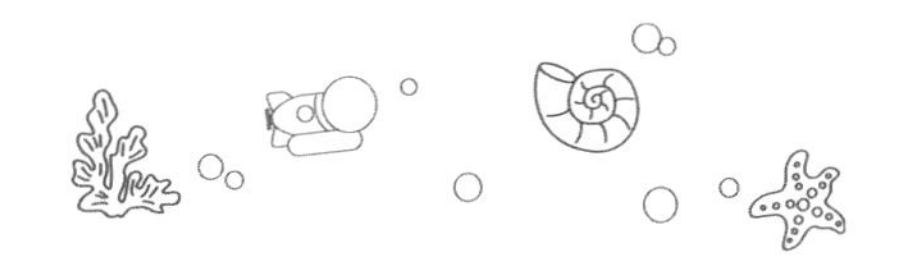

9.2 国际知名海底观测网

进入21世纪以来，随着ROVs、AUVs、通信、能源和传感器等技术的快速发展，海底观测系统已经成为国际海洋领域的又一个研究热点，各海洋强国纷纷制定、调整海洋发展战略计划和科技政策，在政策、研发和投入等方面给予强力支持，以确保在新一轮海洋竞争中占据先机。目前，世界上主要的海底观测网络如下。

（1）MARS

MARS项目开始于2002年，主要目的为：①提供方便的深海设施，研究人员可以测试仪器和设备，而这些设备将有可能成为美国海洋观测计划（OOI）部署的一部分；②为研究者提供可能用于世界上其他节点海洋观测设备的测试；③为研究者提供进行实验和收集MARS附近海洋环境独有的物理、生物、地质和化学数据的机会。

MARS的特点为：各种海洋仪器被安装在该深海观测平台上，通过遥控技术进行控制，系统单个海底节点布放在900m深的海底，光电混合传输电缆总长62km，传输速度为100Mbits/s，海底的仪器舱大小为1.2m × 4.6m，可提供每天24小时的不间断观测，并且由ROV/Ventana完成安装和维护维修的工作。MARS观测网立体布置图如图9.1所示。

图9.1　MARS观测网立体布置图

（2）OOI

OOI(Ocean Observatories Initiative)作为ORION(Ocean Research Interactive Observatory Network)计划的一部分，是由美国国家科学基金会（NSF）资助的海洋观测网络。项目设计和建设是为了提供一种拥有全新的、持续的、交互式海洋科学观察能力的整体物理气象平台。Coastal/Global Scale Nodes(CGSN)和Regional Scale Nodes(RSN)是组成该系统的主要成员，Cyber Infrastructure（CI）是组成OOI的另一个重要成员，它主要负责将CGSN(CSN/GSN)和RSN观测到的结果整合为一体，并深入分析数据进行验证、服务、研究等。

CGSN中GSN的四个节点分别为位于阿拉斯加海湾的Station Papa节点、丹麦格陵兰岛南部的Irminger Sea节点、智利南部的Southern Ocean节点以及阿根廷的Araentine Basin节点。而CSN主要由位于美国东部的太平洋海湾处的Pioneer Array和美国西部俄勒冈州新港的Endurance Array组成。

在整个OOI计划中，现在已经开始建设的是主要用于海洋地震观测的RSN系统，在东北太平洋铺设1400km左右的海底电缆，包括5个海底观测主节点（图9.2），和加拿大海王星一起构成对胡安·德·富卡板块的整体观测，系统在太平洋城建设有太平洋城岸上信号台，用于将数据传输到波特兰的RSN Cyber Pop中心，再传送回华盛顿大学操作中心和CI操作中心。而CGSN(CSN/GSN)的建设和投入使用是在2010—2015年。CSN项目投入使用后会分别在Pioneer Array、Endurance Array建设两个岸台站点，用于数据的集中处理和分析整理。

（3）NEPTUNE Canada

NEPTUNE Canada也称为东北太平洋时间序列海底网络试验，是全球第一个区域性光缆连接的洋底观测试验系统，由铺设在胡安·德·富卡板块直到大不列颠哥伦比亚海岸带的总长800 km 的光纤网络组成，这个板块是地球上最活跃的板块之一。NEPTUNE Canada的仪器设备产生连续的实时

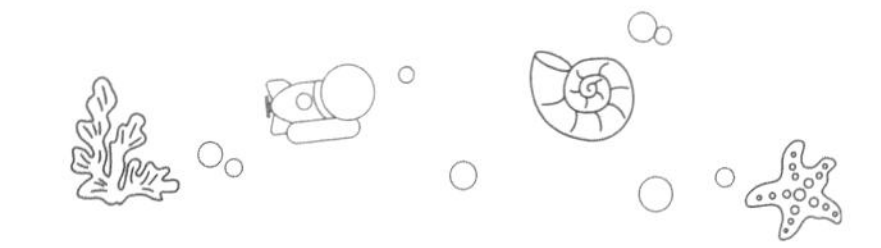

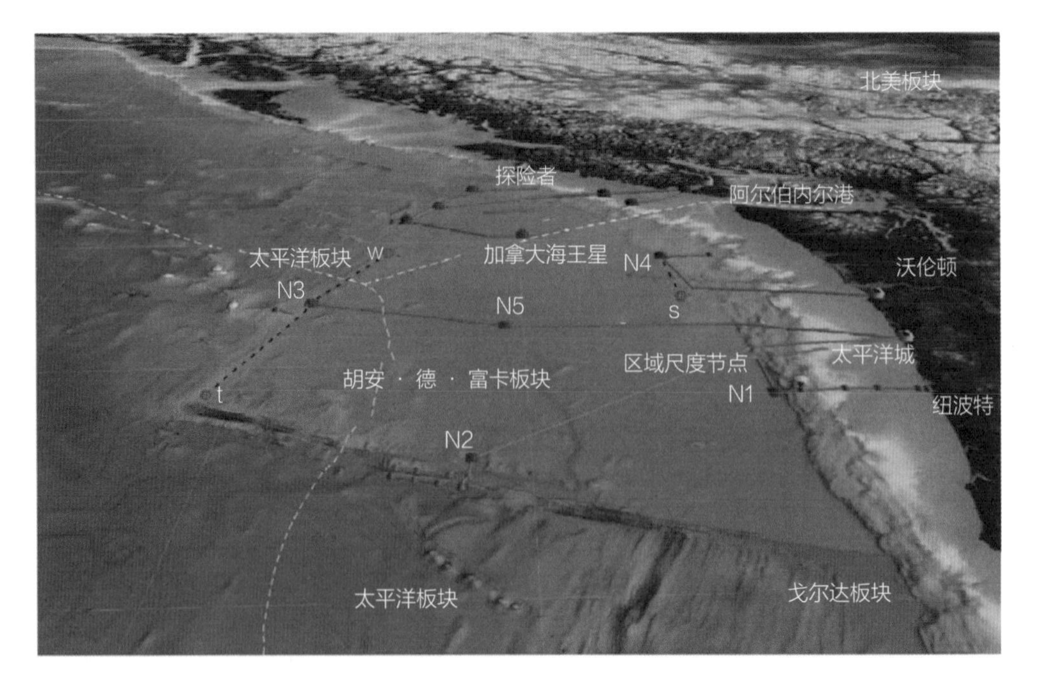

图9.2　RSN节点布置

数据和画面，从海洋表面到海底下，从海岸到深海。通过网络，地球上任何地方的科学家将不离开实验室就可以指导岸基和海底试验并得到数据。它所研究的多学科内容和方法包括：跨边缘的微粒子通量；地震学、地球动力学、海底水文地质学和生物地球化学；脊顶和俯冲带进程（热液口和天然气水合物）；深海生态环境；水柱进程；鱼类和海洋哺乳动物。其社会效益主要体现在海洋权益维护、海洋污染防治、港口安全、防灾减灾、资源勘探、海洋管理和公共政策制定等方面。

NEPTUNE Canada于2009年完成设备安装，并于同年12月底开始了正式的运转。它主要包括六个节点，分别为Folger Passage、Barkley Canyon、ODP1027、ODP889、Middle Valley以及Endeavour。其中，Folger Passage节点位于Barkley Sound大陆架，深度为17~100m，主要的研究目标为：沿岸地区的物理海洋学，浮游植物、浮游动物和鱼类，海洋哺乳动物。Barkley Canyon节点位于Shelf/Slope Break海底峡谷，深度为400~653m，主要的研究目标为：天然气水合物及相关的生态系统，沉淀物的累积和运动，上涌、浮

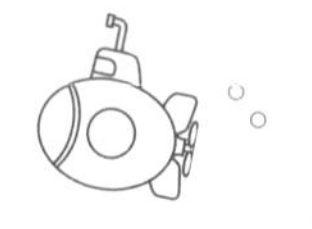

游生物水花及它们对鱼类和海洋生态系统的影响。ODP1027节点所在位置为2660m深的平原，主要研究目标为：密封的沉积物火成岩地壳水文条件、海啸传播、深海冷却水微生物和深海平原生态系统。ODP889位于1250m深的大陆坡，主要研究目标为：海底液体、气体、水合物，Cascadia边缘和地震。Middle Valley位于胡安·德·富卡板块北部深2400m的地震活跃区域，主要研究目标为：板块构造、深海热喷口生态系统、海洋/气候动态、气候变化影响。Endeavour位于2300m深的大洋中脊，主要研究目标为：深海生态系统、热液口系统和板块构造、地震与火山运动。

位于不列颠哥伦比亚省的艾伯尼港海岸台是负责海底和陆地之间通信连接以及电源提供的岸台，也是NEPTUNE Canada的登陆点，海底各个节点测量到的数据通过以太网和光纤协议传送回海岸台，再通过电缆将数据包以10千兆/秒的速度传输到维多利亚大学的数据管理和处理中心。

（4）VENUS

加拿大另一个海底观测网络VENUS(Victoria Experimental Network Under the Sea)是世界上首个进入海洋运行的实时海岸带海底光纤观测网，通过互联网、电缆网络和仪器能够提供海底昼夜的生物、海洋和地址数据。该网络第一组于2006年安装在维多利亚附近的Saanich港湾，观测海洋过程和动物行为；另一组设在温哥华的佐治亚海峡。整个系统包括两条独立的电缆阵列、三个海底节点、两个岸台、一个网络处理中心和一个数据存储中心，系统支持水流和海洋混合，鱼类和海洋哺乳动物的动作以及Fraser 河口三角洲的沉积物和边坡动力学过程等。

（5）Donet

作为OHP计划的延续，Donet（Development of Dense Oceanfloor Network System for Earthquakes and Tsunamis）是以JAMSTEC为主要参加单位且最具有代表性的海底观测网络计划。该项目于2006 年启动，设置在日本南海海槽的To-Nankai 地区，目的是建立海底大尺度实时研究和监测地震、大地地形和海啸的基础设施。Donet大约有20多个节点(观测点)，节点间距

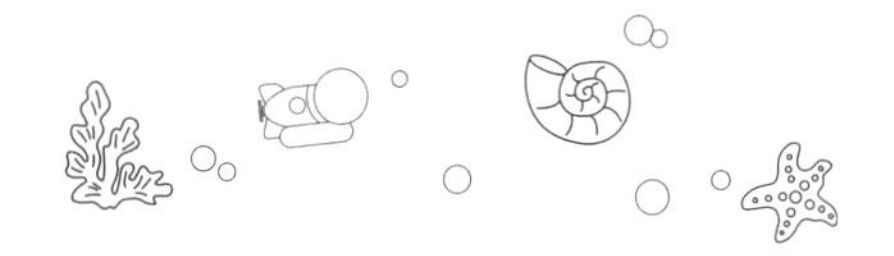

15~20km。Donet计划逐步建成20套复杂的光缆连接的监测站，覆盖这个区域的地震带。除日本南海海槽之外，在相模(Sagami) 海槽和库页海沟也设置了观测点。由于海啸都是由海底地壳运动导致的，所以在Donet观测网络中，除安置了海底地震仪外，还设置了海啸仪(高精度压力传感器)，以便在海啸到达海岸之前监测海啸迁移、提供海啸预报。

JAMSTEC目前已经成功地完成了Donet骨干线建设，在地震多发区的Tonankai建立了基站，并且在尾鹫市(Owase-city)的古家(Furue)建立了登陆站。从登陆站发出的数据实时发送到横滨的JAMSTEC，使日本的气象部门和减灾防灾部门能够及时地发出预警信息。

（6）EMSO-ESONET

ESONET计划提议开始于2007年3月，其前身是ESONET CA 和ESONIM，2007—2011年进行的是ESONET NoE(Network of Excellence)，通过铺设大约5000km的海底缆线及相关观测设备，围绕欧洲从大陆架到深渊，

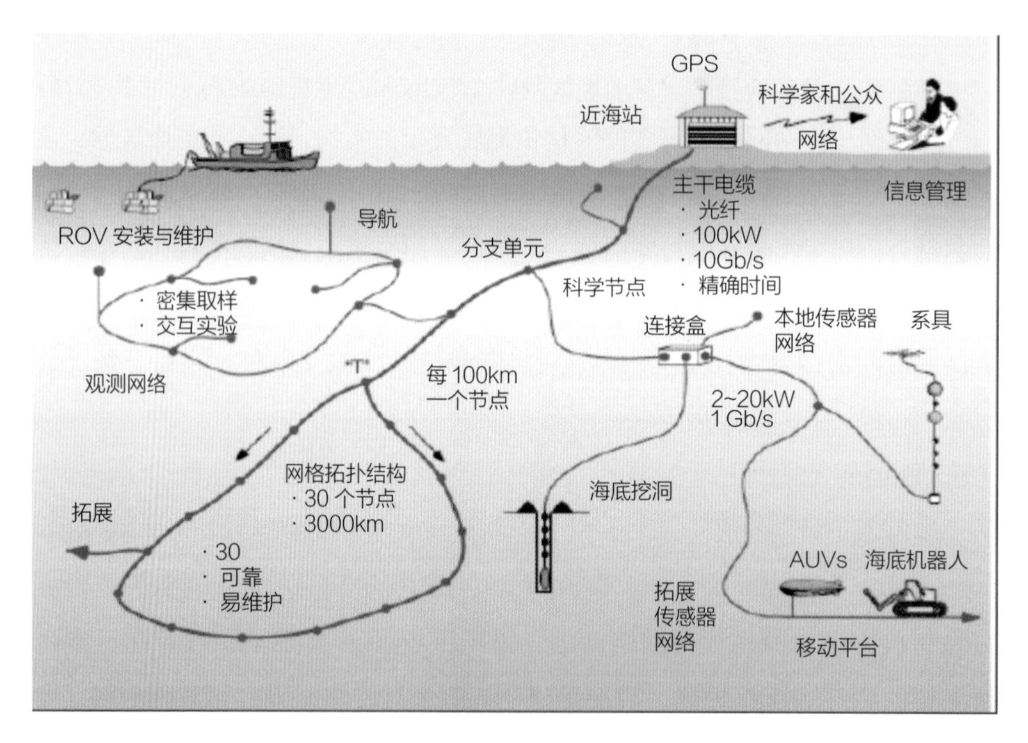

图9.3 EMSO-ESONET的电缆系统安装

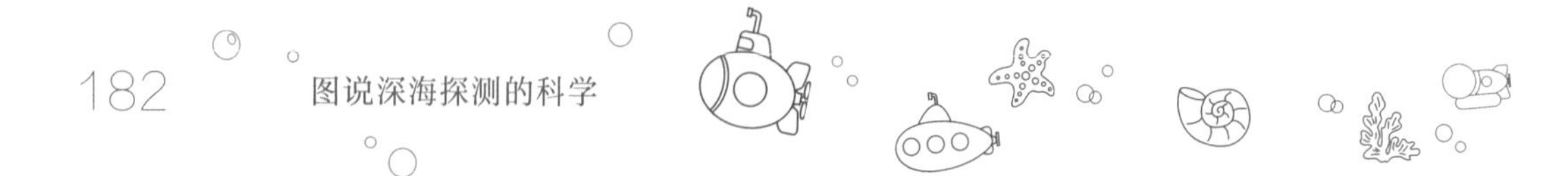

形成覆盖300万平方公里海底地形的监测，如图9.3所示。EMSO-ESONET系统通过海底终端接线盒将观测站与陆地连接起来，并利用电缆IP协议为观测仪器提供能源，实现双向实时数据遥感勘测，从而进行全球变化、自然灾害警报等信息的传送和欧洲海域的基本管理。该网络的观测范围从北冰洋延至黑海，共有12个固定观测站。

EMSO(European Multidisciplinary Seafloor Observation)是欧洲用于长期监测生态系统、气候变化和地质灾害相关环境过程海底观测站的大型基础设施。它将帮助科学家理解：物理、生物和水圈之间相互作用的环境过程；海洋环流、地球过程、深海环境和生态系统的时空演化。其节点为在欧盟项目ESONET CA和ESONET-NoE中选择的从北极经地中海盆地到黑海的欧洲大陆边缘特定的海洋点。

该研究基础设施将利用科学界和工业的协同优势，推动海洋技术的重大进步，提升欧洲在海洋科学和技术方面的发展战略及竞争力，增强欧洲海洋观测网络（ESONET）观测数据的可获得性，并且成为全球环境和安全监测（GMES）及全球综合地球观测系统(GEOSS)的重要组成部分。

（7）MACHO

电缆式海底地震仪观测系统(MACHO)是我国台湾于2006年提出的海底电缆观测系统，原计划从宜兰县头城向外海延伸，沿着东部外海的南澳海盆与和平海盆铺设环状海底电缆，全长412 km，整个区域建设5个节点，最大水深在3000 km以上。目前，该系统建设区域变为在台湾东部、东北部外海等地震最多的区域，使用一条45km的海底电缆，配置强震仪、宽带地震仪与海啸侦测器，以执行实时地震与海啸监测的任务。

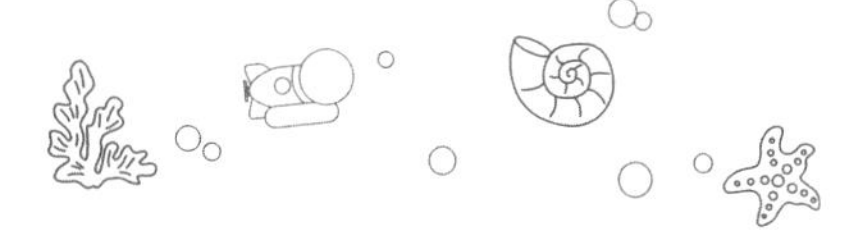

9.3 海底观测网可解决哪些科学问题

近十年来，地球科学已经由间断的、不连续的探险模式向持续的原位观测模式转变，这种改变源自人们对地球和海洋认识的改变，即它们并不是静态的，也不是在灾变性事件中短时间内的动态变化，而是在时间和空间范围内的长期动态变化。了解海洋和地球需要在变化发生时记录和调查整个过程，海底观测网的出现为某个位置长时间序列多种可变参数的采集提供了可能，而这种长期的、多学科的数据集为改变传统方法，研究地球物理、物理海洋和海洋生物等科学带来了极大的推动力，如：

①地球结构和大洋岩石圈动力学。虽然板块运动的运动学现在已经众所周知，但仍有很多基础问题需要去研究，如板块边界如何相互作用和变形，板块边界岩浆、构造、热液和生物过程的联系和反馈等，解决这些问题就需要依靠在板块上进行俯冲带地震、收敛边缘地震、火山运动、大洋板块运动、变形和断裂等长期的调查和多学科数据的采集。

②沿岸动力学和生态系统。沿岸地区是受人类影响最大的区域，但由于缺乏长期的和立体的调查研究，制约着沿岸海洋科学的发展。海底观测网的出现，使得科学家可以进行长期的原位调查和测量，为解释河流泥沙运动、沿岸富营养化、全球环境变化对沿岸环境的影响、沿岸生态系统的结构和功能等问题提供了很好的技术支持。

③紊流混合和生物物理的相互作用。紊流混合在海洋热质转移、海洋和大气层、海洋和海底间的能量和气体交换过程中起关键的作用。了解调节垂直紊流统计的过程、归纳紊流不稳定状态的参数化、确定海洋紊流分布在时间和空间上的关系、绘制次表层中尺度分布和子尺度紊流横向分布、分析紊流混合生化分布的影响都需要海底观测网长期的观测。

④海洋地壳的流体和生命。尽管我们已经知道海洋地壳的流体运动对海洋

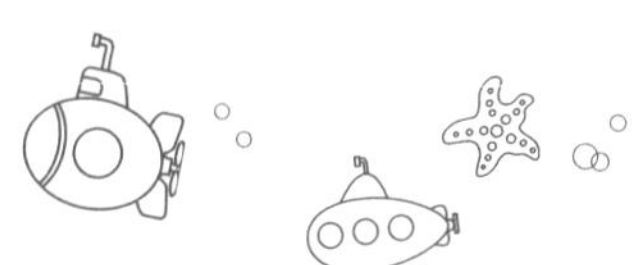

化学的影响很大，但对产生这种流动的因素和流动的过程却很少了解。因此，有必要调查火山和热液口变化带来的化学和生物反应、海底的海洋食物网，理解海洋地壳中地质、生物和化学过程之间的联系，分析俯冲带之间构造和流体的相互作用，评估海底生物圈的范围并决定它的生物和化学特点、量化海底化学生成生产力的重要性。

⑤海洋、气候和生物地球化学循环。海洋是地球气候系统的一部分，随着时间的转化，其在决定气候变化的性质方面扮演着越来越重要的作用。通过海底观测网络系统，测试和改善海洋环流模型、了解海洋和大气层之间的物理交换过程、观测海洋异常气候从产生到结束的过程、预测气候的易变性和改变、监测并且预测海洋中的二氧化碳等，是我们正确认识海洋并最终实现气候变化预测的途径。

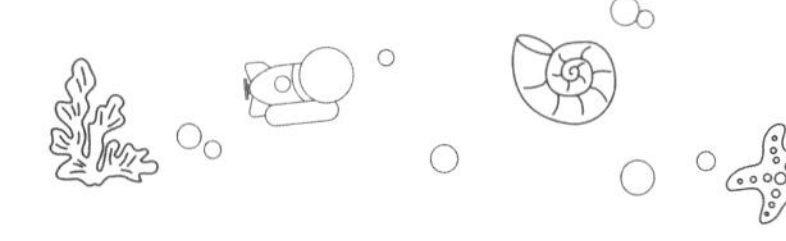

参考文献

[1] 丁忠军，李德威，周宁，等. 载人深潜器支持母船发展现状与思考[J]. 船舶工程，2012，04: 10-12.

[2]朱心科，金翔龙，陶春辉，等. 海洋探测技术与装备发展探讨[J]. 机器人，2013，35(3): 376-384.

[3]莫杰，肖菲. 深海探测技术的发展[J]. 科学，2012，64(5): 11-15.

[4]李硕，唐元贵，黄琰，等. 深海技术装备研制现状与展望[J]. 中国科学院院刊，2016，31(12): 1316-1325.

[5]Heirtzler J R, Grassle J F. Deep-Sea Research by Manned Submersibles[J]. Science Magazine, 1976, 194(4262): 294-299.

[6]Derek A P. Cooperative Control of Collective Motion for Ocean Sampling with Autonomous Vehicles[D]. Princeton, NJ, USA: Princeton University, 2007.

[7] Taylor L, Lawson T. Project Deep Search: An Innovative Solution for Accessing the Oceans[J]. Marine Technology Society Journal, 2009, 43 (5): 169-177.

[8] Hawkes G. The Old Arguments of Manned Versus Un-manned Systems are About to Become Irrelevant: New Technologies are Game Changers[J]. Marine Technology Society Journal, 2009, 43(5): 164-168.

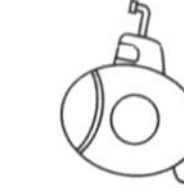

[9]金翔龙. 海洋地球物理研究与海底探测声学技术的发展[J]. 地球物理学进展, 2007, 22(4): 1243-1249.

[10] 陈鹰. 海底热液科学考察中的机电装备技术[J]. 机械工程学报，2003，38(增刊): 207-211.

[11] 陈鹰, 杨灿军, 顾临怡, 等. 基于载人潜水器的深海资源勘探作业技术研究[J]. 机械工程学报, 2003, 039(011): 38-42.

[12] 崔维成, 姜哲, 王芳, 等. 2020年深海潜水器热点回眸[J]. 科技导报, 2021, 39(1): 126-136.

[13] 朱敏，张同伟，杨波，等. 蛟龙号载人潜水器声学系统[J]. 科学通报，2014, 59(35): 3462-3470.

[14] Busby F R. Ocean Surveying from Manned Submersibles[J]. Marine Technology Society Journal, 2006, 40(2): 16-29.

[15] Busby F R. Undersea Penetration by Ambient Light, and Visibility[J]. Science, 1967, 158(3805): 1178-1180.

[16] Zhang T, Liu B, Liu Y. Positioning Systems for Jiaolong Deep-Sea Manned Submersible: Sea Trial and Application[J]. IEEE Access, 2018, 6: 71644-71650.

[17] Liu F, Zhou H Y, Wang C S. Chinese JIAOLONG's first scientific cruise in 2013[C]// Oceans, IEEE, 2014.

[18] Jamieson A J. The Five Deeps Expedition and an Update of Full Ocean Depth Exploration and Explorers[J]. Marine Technology Society journal, 2020, 54(1): 6-12.

[19] Marquadt M. January 23, 1960: Humans Reach the Deepest Point on Earth[J]. Earth (1943345X), 2011, 56(1): 70-72.

[20] Nakajima R, Komuku T, Yamakita T, et al. A New Method for Estimating the Area of the Seafloor from Oblique Images Taken by Deep-sea Submersible Survey Platforms[J]. Jamstec Report of Research & Development, 2015, 19: 59-66.

[21] Parrott D, Campanell A R, Imber B. SeaCone - A Cone Penetrometer for use With the Pisces Submersible[C]// Proceedings of the OCEANS ' 87, 2011.

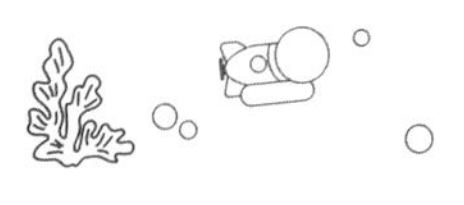

[22] Saegusa S, Tsunogai U, Nakagawa F, et al. Development of a multibottle gas-tight fluid sampler WHATS Ⅱ for Japanese submersibles/ROVs[J]. Geofluids, 2010, 6(3): 234-240.

[23] Sagalevich A M. 30 Years Experience of Mir Submersibles for the Ocean Operations[J]. Deep Sea Research Part Ⅱ Topical Studies in Oceanography, 2017, 155: 83-95.

[24] Schilling T. 2013 State of ROV Technologies[J]. Marine Technology Society Journal, 2013, 47(5): 69-71.

[25] 丁忠军, 周兴华, 高伟. 载人潜水器在深海海洋测绘中的应用[J]. 海洋测绘, 2013, 33(1): 80-82.

[26]曾妮, 杭观荣, 曹国辉, 等. 仿生水下机器人研究现状及其发展趋势[J]. 机械工程师, 2006(04): 18-21.

[27]Kemna S, Hamilton M, Hughes D T, et al. Adaptive Autonomous Underwater Vehicles for Littoral Surveillance: The GLINT10 Field Trial Results[J]. Intel Serv Robotics, 2011, 4: 245-258

[28]Schmidt H, Benjamin M R, Petillo S, et al. Nested Autonomy: A Robust Operational Paradigm for Distributed Ocean Sensing[J]. Springer Handbook of Ocean Engineering, 2016: 459-480.

[29] Ramp S R, Davis R E, Leonard N E, et al. Preparing to Predict: The Second Autonomous Ocean Sampling Network (AOSN-Ⅱ) Experiment in the Monterey Bay[J]. Deep-Sea Research Ⅱ, 2009, 56: 68-86.

[30]蒋新松，封锡盛，王棣棠. 水下机器人[M]. 沈阳：辽宁科学技术出版社, 2000.

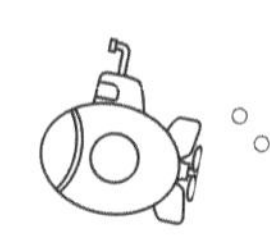

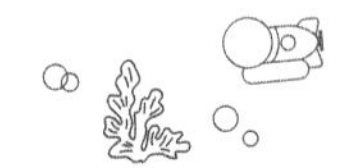